普通高等教育"十三五"应用型人才培养规划教材

基于 VHDL 的 EDA 实验指导教程

主 编 李翠锦 孙 霞

西南交通大学出版社
·成都·

图书在版编目（ＣＩＰ）数据

基于 VHDL 的 EDA 实验指导教程／李翠锦，孙霞主编
．—成都：西南交通大学出版社，2018.8
普通高等教育"十三五"应用型人才培养规划教材
ISBN 978-7-5643-6349-9

Ⅰ．①基… Ⅱ．①李… ②孙… Ⅲ．①VHDL 语言 – 程
序设计 – 高等学校 – 教材②电子电路 – 电路设计 – 计算机
辅助设计 – 高等学校 – 教材 Ⅳ．①TP301.2②TN702.2

中国版本图书馆 CIP 数据核字（2018）第 189905 号

普通高等教育"十三五"应用型人才培养规划教材

基于 VHDL 的 EDA 实验指导教程	主编	李翠锦 孙　霞	责任编辑　黄庆斌 助理编辑　梁志敏 封面设计　何东琳设计工作室

印张：11.5　　字数：284千

成品尺寸：185 mm×260 mm

版次：2018年8月第1版

印次：2018年8月第1次

印刷：成都蓉军广告印务有限责任公司

书号：ISBN 978-7-5643-6349-9

出版发行：西南交通大学出版社

网址：http://www.xnjdcbs.com

地址：四川省成都市二环路北一段111号
　　　西南交通大学创新大厦21楼

邮政编码：610031

发行部电话：028-87600564　028-87600533

定价：29.80元

前　言

近十年来，由于超大规模集成电路和软件技术的快速发展，使数字系统集成到一片芯片内成为可能。Atera、Xilinx、AMD 等公司都推出了多种 CPLD 和 FPGA 产品，并为这些产品的设计配备了软硬件开发工具，其中软件开发工具除了支持图形化设计外，还支持多种设计语言，使数字系统的设计更加容易。在小规模数字集成电路日渐式微的今天，作为一名电子技术工程技术人员不懂 VHDL 语言和 CPLD、FPGA 器件设计就像在计算机时代不会使用计算机一样可怕。

本实验指导书的目的就是帮助读者学会设计数字系统，并熟悉 Altera 公司的产品和 QUARTUSII 软件，以及其他相关软件的使用。

本实验指导书的实验内容从简单的组合电路设计到复杂的数字系统设计，每个实验都详细介绍了系统的设计方法和软件的各种操作。读者可以通过这本实验指导书设计自己的数字电路。

本实验指导书选编了有代表性的实验共二十个，实验内容从简单到复杂，让使用者能够很快入手，同时本实验指导书还可以作为电子技术的拓展课程或作为电子技术工程师的参考用书。本实验指导书配合 SOPC-NIOSII、EDA/SOPC 系统开发平台系列产品使用。

本书依托重庆工程学院校内教改重点项目（项目编号：JY2017201），全书由重庆工程学院李翠锦统稿和审校，其中前言、第 2～5 章、附录由李翠锦执笔，第 1 章由孙霞执笔。另外，在本书的编写过程中，得到了景兴红副教授的大力支持，他为本书提出了许多宝贵意见，在此表示感谢。

限于编者水平，书中难免存在不足之处，恳请各位专家和读者批评指正。

编　者

2018 年 7 月

目　录

第1章 简 述

EDA/SOPC 实验开发系统是根据现代电子发展的方向，集 EDA（电子设计自动化）和 SOPC（可编程片上系统）开发为一体的综合性实验开发系统，除了满足高校专、本科生和研究生的 SOPC 教学实验开发之外，也是电子设计和电子项目开发的理想工具。整个开发系统由 Nios Ⅱ-EP4CE40 核心板、系统板和扩展板构成，根据不同的用户需求配置成不同的开发系统。

Nios Ⅱ-EP4CE40 核心板是在经过长期市场考察后，同时兼顾入门学生以及资深开发工程师的应用需求而研发的。就资源而言，它可以组成一个高性能的嵌入式系统，运行目前流行的 RTOS（实时操作系统），如 uC/OS、uClinux 等。

系统主芯片采用 780 引脚、BGA 封装的 EP4CE40F29C6N，它拥有 39 600 个 LE（逻辑单元），11 134 kbit 片上 RAM，232 个 9×9 硬件乘法器、4 个高性能 PLL（锁相环）以及多达 533 个用户自定义 IO。板上提供了大容量的 SRAM、SDRAM 和 Flash ROM 等以及常用的 RS-232、USB2.0、RJ45 接口和标准音频接口等，除去板上已经固定连接的 IO，还有多达 352 个 IO（输入输出接口）通过不同的接插件引出，供实验箱底板和用户使用。

Nios Ⅱ-EP4CE40 核心板是为开发人员提供以下硬件资源：

- 拥有 39 600 个基本逻辑单元和 1 134 kbit 片上 RAM
- Cyclone Ⅳ EP4CE40F29C6N FPGA
- 64 Mbit 的 EPCS64 配置芯片
- 1 Mbyte SRAM，型号为 IS61LV51216
- 32 Mbyte SDRAM，型号为 HY57V561620
- 4 Mbyte NOR Flash ROM，型号为 AM29LV320D
- 64 Mbyte NAND Flash ROM，型号为 K9F1208U
- RS-232 DB9 串行接口
- USB2.0 Host 与 Device 接口，USB 芯片型号为 CH376S
- RJ45 网卡接口，其中网卡芯片为 W5500
- 音频接口，其中音频接口芯片为 TLV320AIC23
- 4 个用户自定义按键
- 4 个用户自定义 LED
- 1 个七段码 LED
- 标准 AS 编程接口和 JTAG 调试接口
- 50 MHz 高精度时钟源
- 两个高密度扩展接口（可与配套实验箱连接）
- 两个标准 2.54 mm 扩展接口，供用户自由扩展
- 支持+5 V 直接输入，板载电源管理电路

除了上述核心板资源，EDA/SOPC 实验开发平台系统板提供了非常丰富的硬件资源供学生或开发人员学习。硬件资源包括接口通信、控制、存储、数据转换以及人机交互显示等几大模块：接口通信模块包括 SPI 接口、IIC 接口、视频接口、RS232 接口、网卡接口、USB 接口、PS2 键盘鼠标接口、1-Wire 接口等；控制模块包括直流电机、步进电机等；存储模块包括 CF 卡、SD 卡等；数据转换模块包括串行 ADC、DAC，高速并行 ADC、DAC 以及数字温度传感器等；人机交互显示模块包括 8 个轻触按键、16 个拨档开关、4×4 键盘阵列、800×480TFT LCD、8 位动态 7 段数码管、16×16 双色点阵以及交通灯等。另外片上还提供了一个简易模拟信号源和多路数字时钟模块。

上述的这些资源模块既可以满足初学者入门的要求，也可以满足开发人员进行二次开发的要求。

EDA/SOPC 实验开发平台系统板提供的资源具体为：

- 800×480 超大图形点阵电容触摸屏
- RTC 模块，利用 DS1302 芯片提供系统实时时钟
- 1 个直流电机和测速传感器模块
- 1 个步进电机模块
- 1 个 65 536 色 VGA 接口
- 1 路视频输入和视频输出接口
- 1 个标准串行接口
- 1 个以太网卡接口，利用 ENC28J60 芯片进行数据包的收发
- 1 个 USB 设备接口，利用 CH376 芯片实现 USB 协议转换
- SD 卡接口，可以用于连接 SD 卡或 MMC 卡
- 基于 SPI 接口的音频模块，使用 VS1053 芯片实现语音录放
- 2 个 PS2 接口，可接 PS2 键盘或者鼠标
- 1 个交通灯模块
- 串行 ADC 和串行 DAC，其中 ADC 为 ADS7822，DAC 为 DAC7513
- 高速并行 8 位 ADC 和 DAC，其中 ADC 为 TLC5540，DAC 为 TLC5602
- IIC 接口的 EEPROM，AT24C02
- 基于 1-Wire 接口的数字温度传感器 DS18B20
- 扩展接口，供用户自由扩展
- 1 个数字时钟源，提供 24 MHz、12 MHz、6 MHz、1 MHz、100 kHz、10 kHz、1 kHz、100 Hz、10 Hz 和 1 Hz 等多个时钟频率
- 1 个模拟信号源，提供频率在为 80 Hz～8 kHz、幅度为 0～3.3 V 可调的正弦波、方波、三角波和锯齿波
- 1 个 16×16 双色点阵 LED 显示模块
- 1 个 4×4 矩阵键盘
- 8 位动态七段码管 LED 显示
- 16 个用户自定义 LED 显示
- 16 个用户自定义开关输出
- 8 个用户自定义按键输出

第2章　系统模块介绍

2.1　核心板各模块介绍

下面对核心板上的各个模块及其硬件连接作详细说明。

2.1.1　FPGA

继 Altera 公司成功推出第一代 Cyclone FPGA 后，Cyclone 一词便成为低功耗、低价位以及高性能的象征。接下来几年，Altera 公司陆续发布了第二代、第三代、第四代 Cyclone FPGA，与第一代相比，后几代的 FPGA 芯片加入了硬件乘法器，同时内部存储单元数量也得到了进一步提升，性能大大提高。本开发平台上采用的 FPGA 是 EP4CE40F29C6N，它便是 Altera Cyclone IV 系列中的一员，采用780引脚的 BGA 封装，表2-1列出了该款 FPGA 的内部资源特性。

表 2-1　EP4CE40F29C6N 资源列表

资源类型	参数
逻辑单元	39 600 个
片上 RAM	1 134 kbit
18×18 硬件乘法器	116
PLL	4 个
用户可用 IO	533 个

EP4CE40F29C6N 管脚名称是通过行列合在一起来表示。行用英文字母表示，列用数字来表示。通过行列的组合来确定是哪一个管脚。如 A2 表示 A 行 2 列的管脚。AF3 表示 AF 行 3 列的管脚

开发板上提供了两种途径来配置 FPGA：

（1）使用 Quartus II 软件，配合下载电缆从 JTAG 接口下载 FPGA 所需的配置数据，完成对 FPGA 的配置。这种方式主要用来调试 FPGA 或 Nios II CPU，多在产品开发初期使用。

（2）使用 Quartus II 软件，配合下载电缆，通过 AS 接口对 FPGA 配置器件进行编程，在开发板下次上电的时候，会自动完成对 FPGA 的配置。这种模式主要用于产品定型后，完成对 FPGA 代码的固化，以便产品能够独立工作。

2.1.2   SRAM

IS61LV51216 是一个 8 M 容量，结构为 512K×16 位字长的高速率 SRAM。IS61LV51216 采用 ISSI 公司的高性能 CMOS 工艺制造，性能高，功耗低。

当/CE 处于高电平（未选中）时，IS61LV51216 进入待机模式。在此模式下，功耗可降低至 CMOS 输入标准。

使用 IS61LV51216 的低触发片选引脚（/CE）和输出使能引脚（/OE），可以轻松实现存储器扩展。低触发写入使能引脚（/WE）配合字节允许高位（/UB）存取和低位（/LB）存取将完全控制存储器的写入和读取。

SRAM 电路原理如图 2-1 所示。

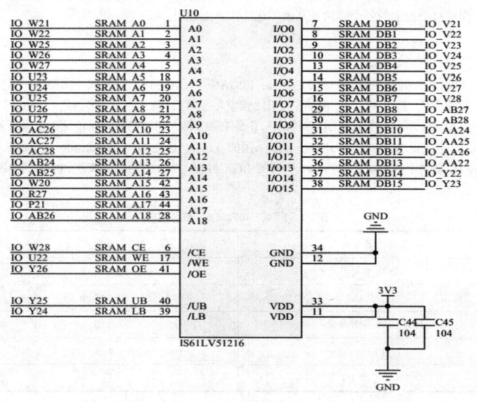

图 2-1   SRAM 电路原理图

SRAM 与 FPGA 的 IO 连接对应关系如下表 2-2 所示。

表 2-2   SRAM 与 FPGA IO 连接对应表

	SRAM	对应 FPGA 引脚
地址线	A0	PIN_W21
	A1	PIN_W22
	A2	PIN_W25
	A3	PIN_W26
	A4	PIN_W27

	SRAM	对应 FPGA 引脚
地址线	A5	PIN_U23
	A6	PIN_U24
	A7	PIN_U25
	A8	PIN_U26
	A9	PIN_U27
	A10	PIN_AC26
	A11	PIN_AC27
	A12	PIN_AC28
	A13	PIN_AB24
	A14	PIN_AB25
	A15	PIN_W20
	A16	PIN_R27
	A17	PIN_P21
	A18	PIN_AB26
数据线	D0	PIN_V21
	D1	PIN_V22
	D2	PIN_V23
	D3	PIN_V24
	D4	PIN_V25
	D5	PIN_V26
	D6	PIN_V27
	D7	PIN_V28
	D8	PIN_AB27
	D9	PIN_AB28
	D10	PIN_AA24
	D11	PIN_AA25
	D12	PIN_AA26
	D13	PIN_AA22
	D14	PIN_Y22
	D15	PIN_Y23
	CE	PIN_W28
	WE	PIN_U22
	OE	PIN_Y26
	UB	PIN_Y25
	LB	PIN_Y24

2.1.3 SDRAM

SHY57V561620 是一个容量为 32 Mbyte、拥有 4 个 Bank、地址结构为 13 位行地址×9 位列地址、刷新周期为 7.8 us（8 192 次/64 毫秒）的高速 SDRAM。

SDRAM 电路原理如图 2-2 所示。

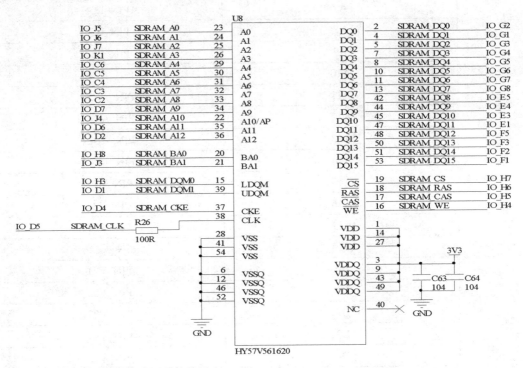

图 2-2　SDRAM 电路原理图

SDRAM 与 FPGA 的 IO 连接对应关系如表 2-3 所示。

表 2-3　SDRAM 与 FPGA IO 连接对应表

	SDRAM	对应 FPGA 引脚
地址线	A0	PIN_J5
	A1	PIN_J6
	A2	PIN_J7
	A3	PIN_K1
	A4	PIN_C6
	A5	PIN_C5
	A6	PIN_C4
	A7	PIN_C3
	A8	PIN_C2
	A9	PIN_D7
	A10	PIN_J4

	SDRAM	对应 FPGA 引脚
地址线	A11	PIN_D6
	A12	PIN_D2
数据线	D0	PIN_G2
	D1	PIN_G1
	D2	PIN_G3
	D3	PIN_G4
	D4	PIN_G5
	D5	PIN_G6
	D6	PIN_G7
	D7	PIN_G8
	D8	PIN_E5
	D9	PIN_E4
	D10	PIN_E3
	D11	PIN_E1
	D12	PIN_F5
	D13	PIN_F3
	D14	PIN_F2
	D15	PIN_F1
控制线	BA0	PIN_H8
	BA1	PIN_J3
	DQM0	PIN_H3
	DQM1	PIN_D1
	CKE	PIN_D4
	CS	PIN_H7
	RAS	PIN_H6
	CAS	PIN_H5
	WE	PIN_H4
	CLK	PIN_D5

2.1.4　NOR Flash

核心板上提供了 1 片容量为 4 Mbyte（4 M×8 bit）的 NOR Flash 存储器 AM29LV320D。该芯片支持 3.0～3.6 V 单电压供电情况下的读、写、擦除以及编程操作，访问时间可以达到 90 ns。该芯片在高达 125 ℃ 的条件下，依然可以保证存储的数据 20 年不会丢失。

Nor Flash 电路原理如图 2-3 所示。

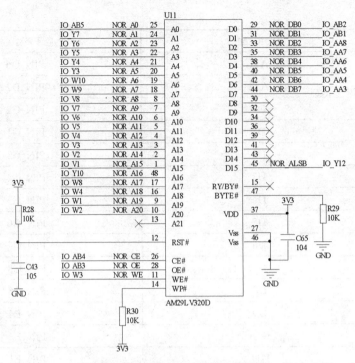

图 2-3 Nor Flash 电路原理图

Nor Flash 与 FPGA 的 IO 连接对应关系如表 2-4 所示。

表 2-4 Nor Flash 与 FPGA IO 连接对应表

	Nor Flash	对应 FPGA 引脚
	ALSB	PIN_Y12
	A0	PIN_AB5
	A1	PIN_Y7
	A2	PIN_Y6
	A3	PIN_Y5
	A4	PIN_Y4
	A5	PIN_Y3
	A6	PIN_W10
	A7	PIN_W9
	A8	PIN_V8
	A9	PIN_V7
	A10	PIN_V6
	A11	PIN_V5
地址线	A12	PIN_V4
	A13	PIN_V3
	A14	PIN_V2
	A15	PIN_V1
	A16	PIN_Y10

	Nor Flash	对应 FPGA 引脚
地址线	A17	PIN_W8
	A18	PIN_W4
	A19	PIN_W1
	A20	PIN_W2
数据线	DB0	PIN_AB2
	DB1	PIN_AB1
	DB2	PIN_AA8
	DB3	PIN_AA7
	DB4	PIN_AA6
	DB5	PIN_AA5
	DB6	PIN_AA4
	DB7	PIN_AA3
控制线	CE	PIN_AB4
	OE	PIN_AB3
	WE	PIN_W3

2.1.5　NAND Flash

为了满足能够在嵌入式 RTOS 中有足够的空间创建文件系统或满足开发人员存储海量数据的需求，开发板上除了提供 4 Mbyte NOR Flash 外，还有一片具有 64 Mbyte 容量的 NAND Flash——K9F1208U。该芯片结构为 4 096 Block×32 Page×528 byte，支持块擦除、页编程、页读取、随机读取、智能复制备份、4 页/块同时擦除和 4 页/块同时编程等操作。

Nand Flash 电路原理如图 2-4 所示。

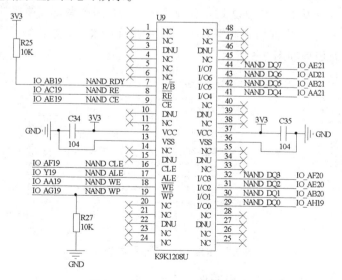

图 2-4　Nand Flash 电路原理图

Nand Flash 与 FPGA 的 IO 连接对应关系如表 2-5 所示。

表 2-5　Nand Flash 与 FPGA IO 连接对应表

	Nand Flash	对应 FPGA 引脚
数据线	DB0	PIN_AH19
	DB1	PIN_AB20
	DB2	PIN_AE20
	DB3	PIN_AF20
	DB4	PIN_AA21
	DB5	PIN_AB21
	DB6	PIN_AD21
	DB7	PIN_AE21
控制线	RDY	PIN_AB19
	OE	PIN_AC19
	CE	PIN_AE19
	CLE	PIN_AF19
	ALE	PIN_Y19
	WE	PIN_AA19
	WP	PIN_AG19

2.1.6　RS232 模块

J8 是一个标准的 DB9 连接头，通常用于 FPGA 和计算机以及其他设备间，通过 RS-232 协议进行简单通信。U7 是一个电平转换芯片（MAX3232），负责把发送的 LVCMOS 信号转换成 RS-232 电平，同时把接收到的 RS-232 电平转换成 LVCMOS 信号。

由于目前的设计开发中，RS-232 通信仅仅是为了进行系统调试或简单的人机交互，因此在设计时，仅在 DB9 接口中保留了通信时必需的 RXD 和 TXD 信号。

RS232 接口电路原理如图 2-5 所示。

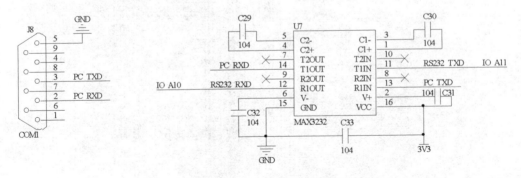

图 2.5　RS232 接口电路原理图

RS232 与 FPGA 的 IO 连接对应关系如表 2-6 所示。

表 2-6　Nand Flash 与 FPGA IO 连接对应表

UART	对应 FPGA 引脚
RXD	PIN_A10
TXD	PIN_A11

注：TXD 和 RXD 在 J8 中已经交换，如果与计算机通信，仅需要一条串口延长线或者 USB 转串口线便可，无须交叉。

2.1.7　USB2.0 模块

为了更好地满足开发人员进行二次开发，开发板上还设计了 USB2.0 设备接口，接口采用 USBB 型连接座，板上采用 USB2.0 设备接口控制芯片 CH376 来完成 USB2.0 通信中的时序转换和数据包处理。CH376 是文件管理控制芯片，用于单片机系统读写 U 盘或者 SD 卡中的文件。

CH376 支持 USB 设备方式和 USB 主机方式，并且内置了 USB 通信协议的基本固件，内置了处理 Mass-Storage（海量存储设备）的专用通信协议的固件，内置了 SD 卡的通信接口固件，内置了 FAT16 和 FAT32 以及 FAT12 文件系统的管理固件，支持常用的 USB 存储设备（包括 U 盘/、USB 硬盘、USB 闪存盘、USB 读卡器）和 SD 卡（包括标准容量 SD 卡、高容量 HC-SD 卡、协议兼容的 MMC 卡和 TF 卡）。CH376 支持三种通信接口：8 位并口、SPI 接口和异步串口。单片机/DSP/MCU/MPU 等控制器可以通过上述任何一种通信接口控制 CH376 芯片，存取 U 盘或者 SD 卡中的文件或者与计算机通信。

CH376 电路原理如图 2-6 所示。

CH376 与 FPGA 的 IO 连接对应关系如表 2-7 所示。

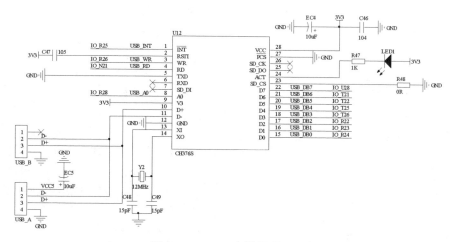

图 2-6　CH376 电路原理图

表 2-7　CH376 与 FPGA IO 连接对应表

USB	对应 FPGA 引脚
D0	PIN_R24
D1	PIN_R23

USB	对应 FPGA 引脚
D2	PIN_R22
D3	PIN_T26
D4	PIN_T25
D5	PIN_T22
D6	PIN_T21
D7	PIN_U28
A0	PIN_R28
WR	PIN_R26
RD	PIN_N21
nINT	PIN_R25

2.1.8 以太网模块

在嵌入式系统（如 uClinux、Linux 等系统）设计应用当中，以太网接口必不可少，尤其是在核心板上提供的以太网接口采用 W5500 芯片来完成数据包的处理任务。

W5500 芯片是一款采用全硬件 TCP/IP 协议栈的嵌入式以太网控制器，它能使嵌入式系统通过 SPI（串行外设接口）接口轻松地连接到网络。W5500 具有完整的 TCP/IP 协议栈和 10/100 Mbps 以太网网络层（MAC）和物理层（PHY），因此特别适合那些需要使用单片机来实现互联网功能的客户。

W5500 电路原理如图 2-7 所示。

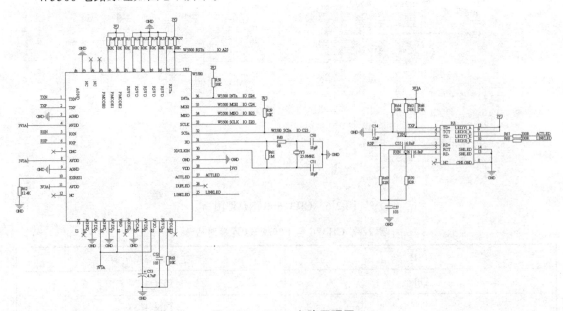

图 2-7　W5500 电路原理图

W5500 与 FPGA 的 IO 连接对应关系如表 2 8 所示。

表 2-8　W5500 与 FPGA IO 连接对应表

Ethernet/W5500 引脚	对应 FPGA 引脚
RST	PIN_A25
INT	PIN_D24
MOSI	PIN_C24
MISO	PIN_B23
SCLK	PIN_D23
SCS	PIN_C23

2.1.9　音频模块

核心板上提供了一个标准的音频 CODEC 模块，采用 TI 的高性能立体声音频 CODEC 专用芯片——TLV320AIC23B。该芯片内部集成了所有的模拟功能，能够提供 16、20、24 和 32 位数据的 ADC 和 DAC 转换，以及 8 ~ 96 kHz 的采样速率。TLV320AIC23B 有两个接口与 CPU 相连：其中一个为控制接口，可以工作在 SPI 模式或 IIC 模式（注意：开发板上已经固定为 SPI 模式），该接口主要负责初始化和配置芯片；另一个接口是数字音频接口，可以工作在左对齐模式、右对齐模式、IIS 模式和 DSP 模式，该接口主要用于发送和接收需要转换或被转换的音频数据。

TLV320AIC23B 电路原理如图 2-8 所示。

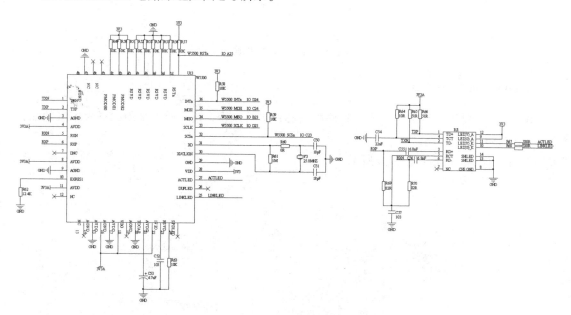

图 2-8　TLV320AIC23B 电路原理图

TLV320AIC23B 与 FPGA 的 IO 连接对应关系如表 2-9 所示。

表 2-9　TLV320AIC23B 与 FPGA IO 连接对应表

音频/TLV320AIC23	对应 FPGA 引脚
SDIN	PIN_C25
SDOUT	PIN_A26
SCLK	PIN_D25
SCS	PIN_B25
BCLK	PIN_D26
DIN	PIN_C26
LRCIN	PIN_B26

开发板上提供了 4 个外接插孔，从左到右依次为 MIC 输入、音频线输入、耳机输出以及音频线输出。

2.1.10　JTAG 调试接口

在 FPGA 开发过程中，JTAG 是一个必不可少的接口，因为开发人员需要下载配置数据到 FPGA 中。在 Nios Ⅱ 开发过程中，JTAG 更是起着举足轻重的作用，因为通过 JTAG 接口，开发人员不仅可以对 Nios Ⅱ 系统进行在线仿真调试，而且还可以下载代码或用户数据到 Flash 中。

JTAG 电路原理图如图 2-9 所示：

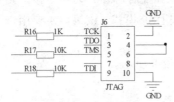

图 2-9　JTAG 电路原理图

2.1.11　AS 固化接口

AS 接口主要用来给板上的固化程序配置芯片进行编程，核心板上采用的是大容量的配置芯片 EPCS64。

AS 接口电路原理如图 2-10 所示。

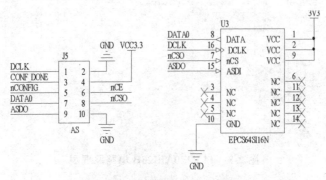

图 2-10　AS 接口电路原理图

2.1.12　LED 模块

核心板上提供了 4 个用户自定义 LED，用于程序状态指示，也可以用于完成点亮、闪烁和流水灯等初级实验。

LED 模块电路原理如图 2-11 所示：

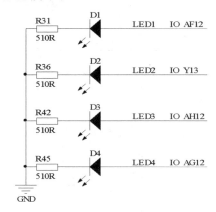

图 2-11　LED 模块电路原理图

LED 与 FPGA 的 IO 连接对应关系如表 2-10 所示。

表 2-10　LED 与 FPGA IO 连接对应表

LED	对应 FPGA 引脚
LED1	PIN_AF12
LED2	PIN_Y13
LED3	PIN_AH12
LED4	PIN_AG12

2.1.13　独立按键模块

核心板上提供了 4 个独立按键，FPGA 可通过检测其输出的高低电平来判断按键的状态，按下输出低电平，松开输出高电平，可以用于完成按键检测、外部中断等初级实验。

独立按键模块电路原理如图 2-12 所示。

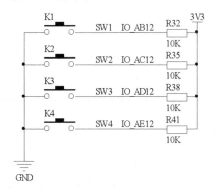

图 2-12　独立按键模块电路原理图

独立按键与 FPGA 的 IO 连接对应关系如表 2-11 所示。

表 2-11   独立按键与 FPGA IO 连接对应表

KEY	对应 FPGA 引脚
K1	PIN_AB12
K2	PIN_AC12
K3	PIN_AD12
K4	PIN_AE12

2.1.14   七段数码管模块

核心板上提供了一位七段数码管，七段数码管电路原理如图 2-13 所示。

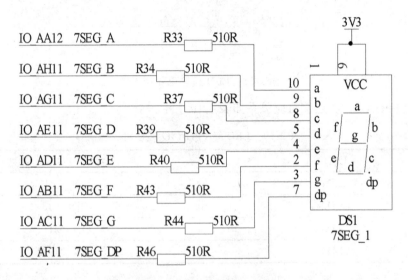

图 2-13   七段数码管电路原理图

七段数码管与 FPGA 的 IO 连接对应关系如表 2-12 所示。

表 2-12   独立按键与 FPGA IO 连接对应表

KEY	对应 FPGA 引脚
K1	PIN_AB12
K2	PIN_AC12
K3	PIN_AD12
K4	PIN_AE12

2.1.15   扩展接口模块

核心板上提供的资源模块占用了部分 FPGA 引脚，另外还有 282 个 IO 通过接插件连接到实验箱底板使用，除此之外，还有 32 个可用 IO 供用户自定义使用。

扩展接口电路如图 2-14 所示。

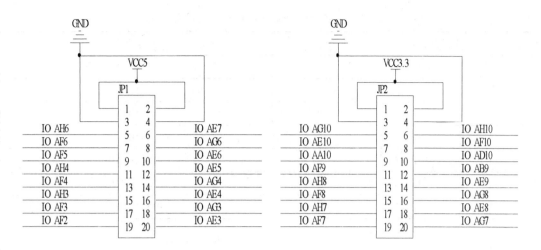

图 2-14　扩展接口电路原理图

扩展接口与 FPGA 的 IO 连接对应关系如表 2-13 和表 2-14 所示。

表 2-13　扩展接口 JP1 与 FPGA IO 连接对应表

扩展接口 JP1	引脚定义
JP1-1	VCC5
JP1-2	VCC5
JP1-3	GND
JP1-4	GND
JP1-5	PIN_AH6
JP1-6	PIN_AE7
JP1-7	PIN_AF6
JP1-8	PIN_AG6
JP1-9	PIN_AF5
JP1-10	PIN_AE6
JP1-11	PIN_AH4
JP1-12	PIN_AE5
JP1-13	PIN_AF4
JP1-14	PIN_AG4
JP1-15	PIN_AH3
JP2-16	PIN_AE4
JP1-17	PIN_AF3
JP1-18	PIN_AG3
JP1-19	PIN_AF2
JP1-20	PIN_AE3

表 2-14　扩展接口 JP2 与 FPGA IO 连接对应表

扩展接口 JP2	引脚定义
JP2-1	VCC3.3
JP2-2	VCC3.3
JP2-3	GND
JP2-4	GND
JP2-5	PIN_AG10
JP2-6	PIN_AH10
JP2-7	PIN_AE10
JP2-8	PIN_AF10
JP2-9	PIN_AA10
JP2-10	PIN_AD10
JP2-11	PIN_AF9
JP2-12	PIN_AB9
JP2-13	PIN_AH8
JP2-14	PIN_AE9
JP2-15	PIN_AF8
JP2-16	PIN_AG8
JP2-17	PIN_AH7
JP2-18	PIN_AE8
JP2-19	PIN_AF7
JP2-20	PIN_AG7

2.2　底板各模块介绍

下面对实验箱底板上的各个模块作简要说明。

1. 800×480 超大图形点阵电容触摸液晶屏

实验箱上的采用的是 800×480 图形点阵彩色液晶屏，配合自主研发的液晶控制器，可以在上面显示汉字、图形、波形曲线等，最高支持 5 点触摸。

2. RTC 系统实时时钟

RTC 芯片为 DS13020。DS1302 是 DALLAS 公司推出的涓流充电时钟芯片，内含有一个实时时钟/日历和 31 byte 静态 RAM，通过简单的串行接口与 CPU 进行通信。实时时钟/日历电路提供秒、分、时、日、日期、月、年的信息，每月的天数和闰年的天数可自动调整，时钟操作可通过 AM/PM 指示决定采用 24 或 12 小时格式。DS1302 与 CPU 之间能简单地采用同步串行的方式进行通信，接口连接非常简单，占用端口资源很少，且操作非常容易。

3. 直流电机模块

直流电机采用+12 V供电，实验箱上的电机可以通过电位器调速，也可以通过 CPU 的 PWM 输出进行调速，同时直流电机模块还有配套的霍尔传感器，以便进行电机转速的测量。

4. 步进电机

步进电机为 4 相式的，最小旋转角度为 18°。

5. VGA 接口

VGA 接口采用自主设计的权电阻分压网络电路，实现高达 65 536 色的 VGA 输出。

6. 视频输出和视频输出接口

通过视频编解码芯片，可以对视频输出进行量化，同时利用专用数字视频合成芯片，还可以输出 NTSC、PAL 制式的视频。

7. 标准串行接口

可以与标准 PC 串口直接相连。

8. 以太网卡接口

Ethernet 模块采用的 TCP/IP 转换芯片为 ENC28J60，ENC28J60 是带有行业标准串行外设接口（Serial Peripheral Interface，SPI）的独立以太网控制器。它可作为任何配备有 SPI 控制器的以太网接口。ENC28J60 符合 IEEE 802.3 的全部规范，采用了一系列包过滤机制对传入数据包进行限制。它还提供了一个内部 DMA 模块，以实现快速数据吞吐和硬件支持的 IP 校验和计算。与主控制器的通信通过两个中断引脚和 SPI 实现，数据传输速率高达 10 Mb/s。两个专用的引脚用于连接 LED，进行网络活动状态指示。

9. USB 设备接口

CH376 是文件管理控制芯片，用于单片机系统读写 U 盘或者 SD 卡中的文件。CH376 支持 USB 设备方式和 USB 主机方式，并且内置了 USB 通信协议的基本固件，内置了处理 Mass-Storage（海量存储设备）的专用通信协议的固件，内置了 SD 卡的通信接口固件，内置了 FAT16、FAT32 和 FAT12 文件系统的管理固件，支持常用的 USB 存储设（包括 U 盘、USB 硬盘、USB 闪存盘、USB 读卡器）和 SD 卡（包括标准容量 SD 卡、高容量 HC-SD 卡、协议兼容的 MMC 卡和 TF 卡）。CH376 支持三种通信接口：8 位并口、SPI 接口和异步串口，单片机/DSP/MCU/MPU 等控制器可以通过上述任何一种通信接口控制 CH376 芯片，存取 U 盘或者 SD 卡中的文件或者与计算机通信。

10. SD 卡接口

SD 卡是 Secure Digital Card 卡的简称，直译成汉语就是"安全数字卡"，是由日本松下公司、东芝公司和美国 SANDISK 公司共同开发研制的全新的存储卡产品。SD 存储卡是一个完全开放的标准（系统），多用于 MP3、数码摄像机、数码相机、电子图书、AV 器材等，尤其是被广泛应用在超薄数码相机上。SD 卡在外形上同 MMC（Multi Media Card）卡保持一致，大小尺寸比 MMC 卡略厚，容量也大很多。并且兼容 MMC 卡接口规范。

SD 卡目前在各个数码设备上得到了广泛的应用，通常读写 SD 卡有两种方式来实现：一是直接用系统所选 CPU 的 SDC 接口控制 SD 卡或用其 IO 口来模拟 SD 卡的底层时序；另一种方式就是直接采用现有的 SD 卡控制器芯片来访问 SD 卡。本实验箱通过 IO 口来模拟 SD 卡的底层时序来控制。

11. 基于 SPI 或 IIC 接口的音频 CODEC 模块

音频模块采用的是目前广泛使用的 VS1053，VS1053 是继 VS1003 后荷兰 VLSI 公司出品的又一款高性能解码芯片。该芯片可以实现对 MP3/OGG/WMA/FLAC/WAV/AAC/MIDI 等音频格式的解码，同时还可以支持 ADPCM/OGG 等格式的编码，性能相对以往的 VS1003 提升不少。VS1053 拥有一个高性能的 DSP 处理器核 VS_DSP，16K 的指令 RAM，0.5K 的数据 RAM，通过 SPI 控制，具有 8 个可用的通用 IO 口和一个串口，芯片内部还带了一个可变采样率的立体声 ADC（支持咪头/咪头+线路/2 线路）、一个高性能立体声 DAC 及音频耳机放大器。

12. PS2 接口

一个专门用于连接键盘，一个专门用于连接鼠标。

13. 交通灯模块

可以模拟标准的十字路口，由 4 组红、黄、绿色的 LED 组成。

14. 串行 ADC 和串行 DAC

实验箱上提供了一个基于 SPI 接口的 12 位高精度 ADC 和 DAC，其中 ADC 为 ADS7822，DAC 为 DAC7513。设计该模块的目的是为了让学生学习如何使用 SOPCBuilder 中的 SPI IP 核，同时通过该实验，也让学生对串行 ADC 和串行 DAC 的工作原理加以了解。

15. 高速并行 8 位 ADC 和 DAC

实验箱中采用的高速 AD 为 TLC5540，TLC5540 是一个 8 位高速 AD，其最高转换速率可到 40 MSPS，单+5 V 供电，被广泛地应用在数字电视、医疗图像、视频会议等需要高速数据转换的领域。实验箱中采用的高速 DA 为 TLC5602，该芯片也是一个单 5 V 供电的 8 位高速 DA，其最高转换速率可到 33 M，足以满足一般数据处理的场合。

16. IIC 接口的 EEPROM

该模块是为了让学生学习 IIC 总线而设计的，模块中包含了一个 IIC 接口的 EEPROM，E2PROM 型号为 AT24C02，用户可以通过 IIC 总线写入数据和读出写入的数据，用以证明 IIC 接口通信正常。

17. 基于 1-Wire 接口的数字温度传感器

该模块采用了具有 1-Wire 接口的温度传感器——DS18B20，目的是为了让用户了解 1-Wire 协议，以及如何用 CPU 控制该温度传感器，从而加深对 1-Wire 总线协议的理解。

18. 扩展接口

扩展接口供用户自由扩展，接口中包括+12 V 电源、+5 V 电源以及 FPGA 的部分 IO。

19. 数字时钟源

数字时钟源提供 24 MHz、12 MHz、6 MHz、1 MHz、100 kHz、10 kHz、1 kHz、100 Hz、

10 Hz 和 1 Hz 等多个时钟。

20．模拟信号源

该模块可以输出 50 Hz ~ 80 kHz 的正弦波、方波、三角波和锯齿波，幅度可以在 0 ~ 3.3 V 调节，该模块的设计主要是考虑到在没有模拟信号源的场合下，依然可以获取到 ADC 的信号源。

21．16×16 双色 LED 点阵

16×16 点阵完全可以满足汉字、字符以及简单图形的显示。

22．其他模块

其他模块包括 4×4 键盘阵列、8 位动态七段码管显示、用户自定义 LED、用户自定义开关输入和用户自定义按键输入，通过上述的这些模块，学生可以完成的人机交互实验。

23．其他使用说明

（1）以上模块说明只是简单介绍了每个模块的功能和组成，详细的介绍将在实验指导书中说明。

（2）相关模块的电路请参照实验指导书或者实验箱附件原理图。

（3）以上模块与 FPGA 具体的管脚连接请参照实验指导书。

2.3　使用注意事项

用户在使用开发板时请严格遵照下述说明：

（1）严禁用手直接接触开发板上的芯片管脚，避免静电击穿。

（2）最好使用原配电源适配器，如用其他电源适配器，请务必确认适配器为+5 V 直流，插头为内正外负输出。

（3）请选用本公司生产的下载电缆，如使用其他下载电缆，请确定电缆的电气特性和信号定义与本开发板插座一致。

（4）不要自行拆机，以免发生危险。

（5）如果使用过程当中遇到什么问题，请及时与公司联系。

第3章　QuartusII 软件概述

Altera 公司的 QuartusII 软件提供了可编程片上系统（SOPC）设计的一个综合开发环境，是进行 SOPC 设计的基础。QuartusII 集成环境包括以下内容：系统级设计、嵌入式软件开发、可编程逻辑器件（PLD）设计、综合布局和布线、验证与仿真。

QuartusII 设计软件根据设计者需要提供了一个完整的多平台开发环境，它包含整个 FPGA 和 CPLD 设计阶段的解决方案。图 3.1 说明了 QuartusII 软件的开发流程。

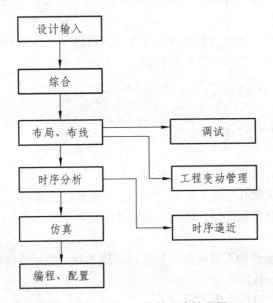

图 3-1　QuartusII 软件开发流程图

此外，QuartusII 软件允许用户在设计流程的每个阶段使用 QuartusII 图形用户界面、EDA 工具界面或命令行界面。在整个设计流程中可以使用这些界面中的一个，也可以在不同的设计阶段使用不同的界面。

QuartusII 设计软件配合一系统可供客户选择的 IP 核，可使设计人员在开发和推出 FPGA、CPLD 和结构化的 ASIC 设计的同时，获得性能更高、更为易用、开发时间更短的产品。这种将 FPGA 移植到结构化的 ASIC 中的方法，能够对移植后的性能和功耗进行准确的估算。

QuartusII 软件支持 VHDL 和 Verilog 硬件描述语言（HDL）的设计输入、基于图形的设计输入方式，以及集成系统设计工具。QuartusII 7.2 软件可以将设计、综合、布局和布线以及系统的验证全部整合到一个无缝的环境之中。其中还包括于第三方 EDA 工具（如 MATLAB 等）的接口。

QuartusII 12.0 软件包括 SOPC Builder 工具。SOPC Builder 针对可编程片上系统（SOPC）

的各种应用自动完成 IP 核（包括嵌入式处理器、协处理器、外设、数字信号处理器、存储器和用户设定的逻辑）的添加、参数设置和连接操作。SOPC Builder 节约了原先系统集成工作所需的大量时间，使设计人员能够在短时间内将概念转化成真正可运行的系统。

3.1　PC 机的系统配置

为了使 QuartusII 软件的性能达到最佳，Altera 公司建议计算机的最低配置如下：

（1）酷睿 i3 以上 CPU、4G 以上运行内存。

（2）大于 8 G 的安装 QuartusII 软件所需的硬盘空间。

（3）Windows XP 以上的操作系统。

（4）Microsoft Windows 兼容的 SVGA 显示器。

（5）至少有下面的端口之一：用于程序下载的并行接口（LPT 口）、用通信的串行口、用于 USB 下载和通信的 USB 口。

（6）IE8.0 以上的浏览器。

（7）TCP/IP 网络协议。

3.2　QuartusII 12.0 的安装

（1）双击"12.0_178_quartus_windows.exe"，弹出图 3-2 所示窗口，点击"Browse…"选择路径（路径不能有汉字和空格，下同），保持默认路径（若保持默认路径的话，后面的也都保持默认路径），然后点击"Install"。

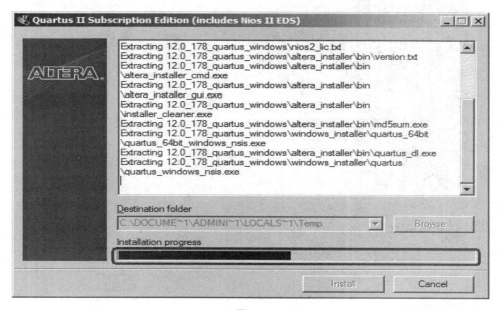

图 3-2

（2）开始安装，如图 3-3 所示。

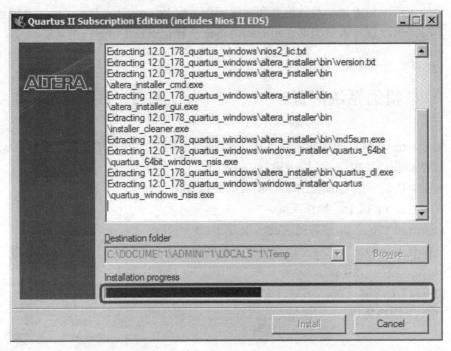

图 3-3

（3）安装过程结束后会弹出如图 3-4 所示窗口，直接点击"Next"。

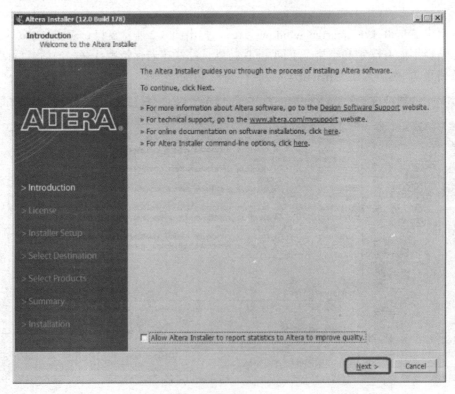

图 3-4

（4）勾选"I agree…"，再点击"Next"，如图 3-5 所示。

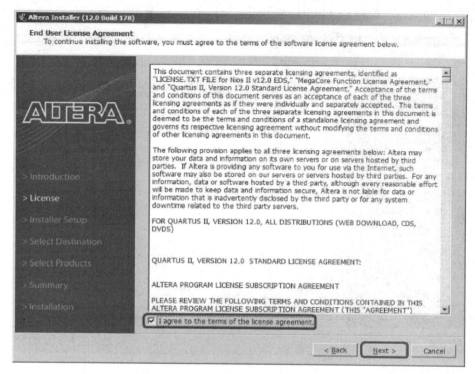

图 3-5

（5）点击"Browse…"选择和之前相同的路径，或默认路径，点击"Next"，如图 3-6 所示。

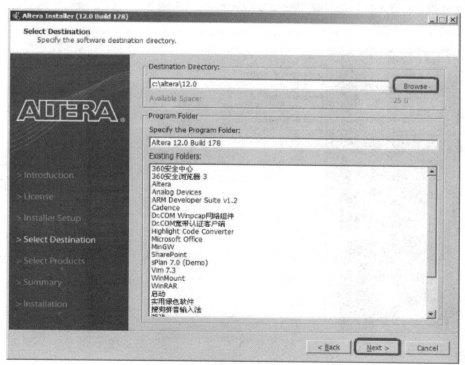

图 3-6

（6）界面显示安装所需空间和可用空间（若可用空间不够的话，请退出重新选择安装路径），若为 64 位系统，勾选 64-bit 单选框，点击"Next"，如图 3-7 所示。

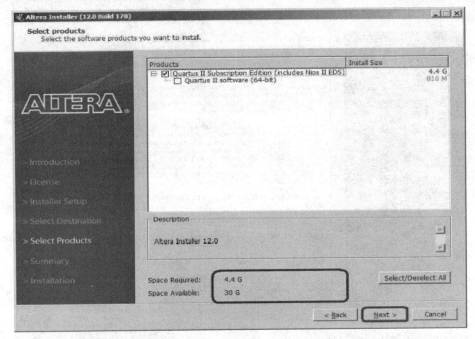

图 3-7

（7）在如图 3-8 所示界面中，点击"Next"。

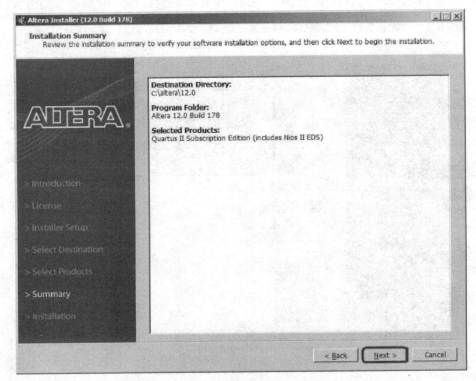

图 3-8

（8）开始安装（Quartus 12.0 安装时，Nios Ⅱ的开发环境是一起安装的），如图 3-9 所示。

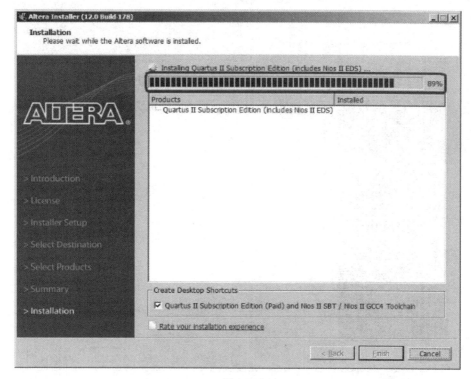

图 3-9

（9）这时需要等待一段时间，根据电脑配置不同，安装时间会有所不同，然后会出现如图 3-10 所示界面，点击"Yes"。

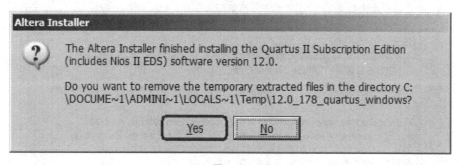

图 3-10

（10）在弹出的如图 3-11 所示界面中点击"Ok"。

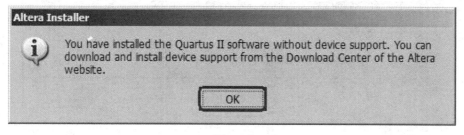

图 3-11

（11）出现如图 3-12 所示界面时点击"Finish"。

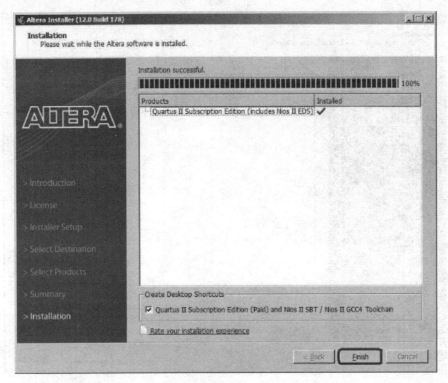

图 3-12

（12）在图 3-13 所示界面中点击"OK"。

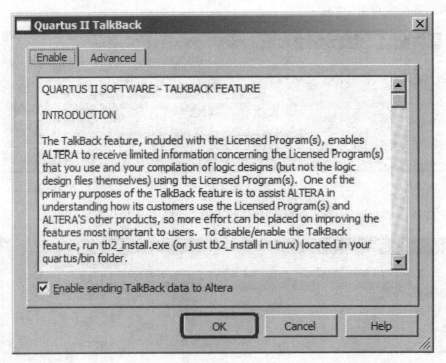

图 3-13

（13）双击"12.0_178_devices_cyclone_max_legacy_windows.exe"，弹出如图 3-14 所示界面，点击"Browse…"选择和之前相同的路径，或默认路径，点击"Install"。

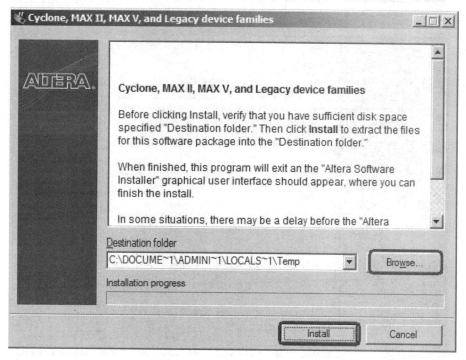

图 3-14

（14）开始安装，如图 3-15 所示。

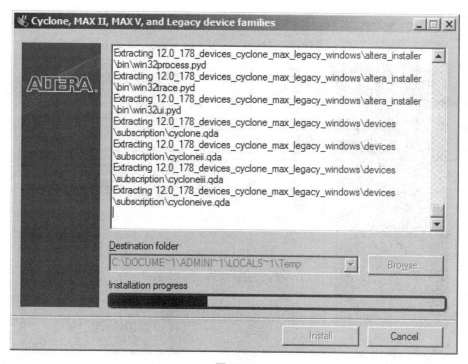

图 3-15

（15）在图 3-16 所示界面直接点击"Next"。

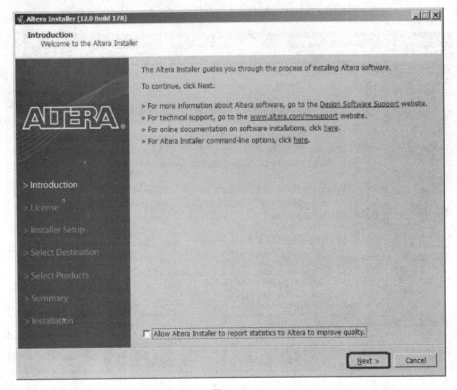

图 3-16

（16）勾选"I agree…"，点击"Next"，如图 3-17 所示。

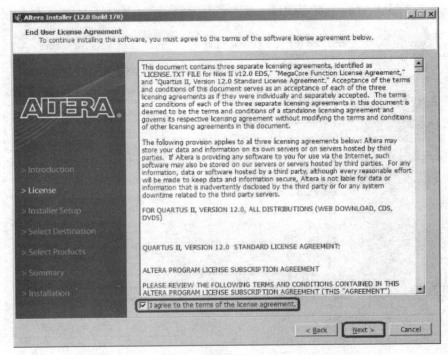

图 3-17

（17）点击"Browse…"选择和之前相同的路径，或默认路径，点击"Next"，如图 3-18 所示。

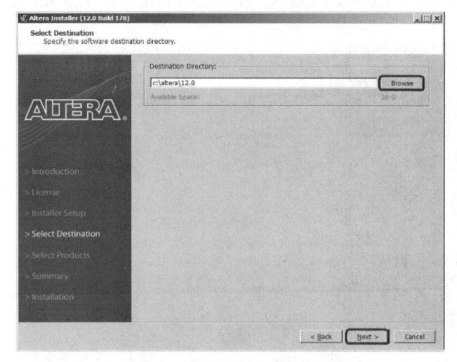

图 3-18

（18）显示安装所需空间和可用空间，点击"Next"，如图 3-19 所示。

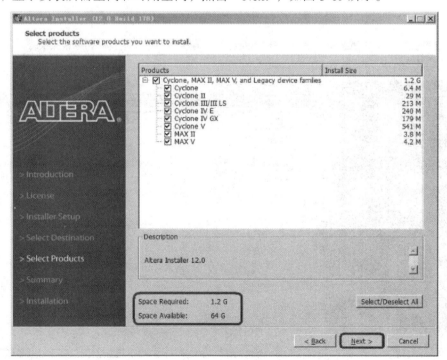

图 3-19

（19）在图 3-20 所示界面直接点击"Next"。

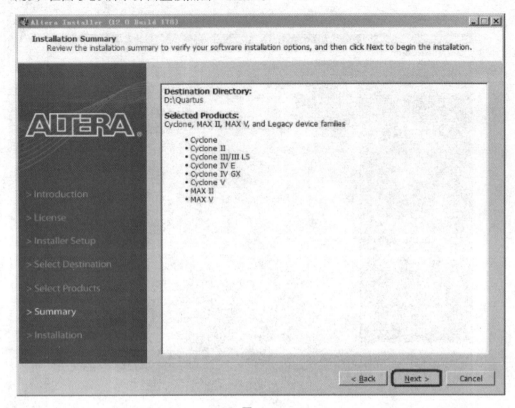

图 3-20

（20）开始安装，如图 3-21 所示。

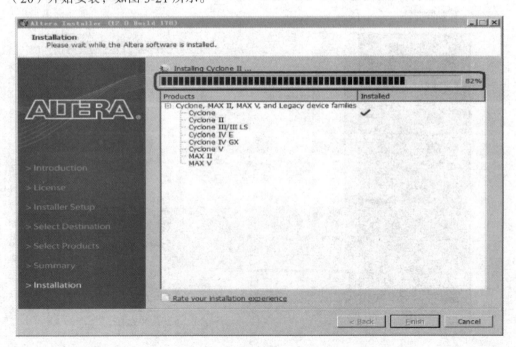

图 3-21

（21）完成后，弹出如图 3-22 所示界面，点击"Yes"。

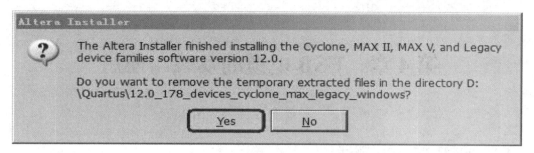

图 3-22

（22）在图 3-23 所示界面中点击"Finish"，完成安装.

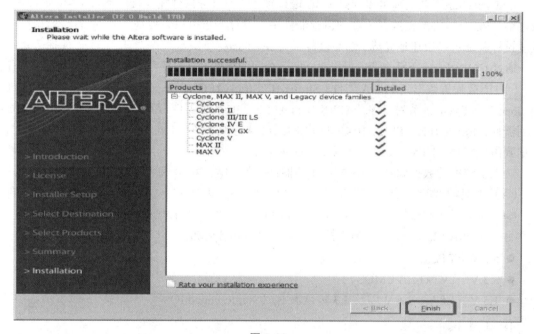

图 3-23

第4章　USB 电缆的安装与使用

4.1　USB-Blaster 概述

USB-Blaster 下载电缆可以通过 USB 端口把 PC 和目标器件相连接。通过 USB-Blaster 下载电缆，PC 可以将配置数据下载到目标器件中。设计变更可以方便地下载到目标器件、多次重复设计验证可以快速地完成，都要得益于 USB-Blaster 下载电缆的快速、高效、便捷等优点。

通过 USB-Blaster 下载电缆，可以对 Altera 公司的器件进行配置和编程，具体包括如下操作：

（1）下载配置数据到 FPGA 器件（Stratix II、Stratix II GX、Stratix GX 和 Stratix 系列器件、Cyclone II 和 Cyclone 系列器件）、APEX II 和 APEX 20K 系列器件、ACEX 1K 系列器件、Mercury 系列器件、FLEX 10K、FLEX 10KE 和 FLEX 10KA 系列器件、Excalibur 系列器件，下载配置数据到用户闪存（UFM）器件、MAX II 系列器件。

（2）下载配置数据到基于 EEPROM 的器件，如 MAX 3000 和 MAX 7000 系列器件。

（3）对增强型配置器件实施在线编程，如 EPC2、EPC4、EPC8、EPC16 和 EPC1441 等器件。

（4）对串行配制器件实施在线编程，如 EPCS1、EPCS4、EPCS16 和 EPCS64 等器件。

另外，USB-Blaster 下载电缆支持以下目标系统电平标准：

- 5.0 V　　TTL
- 3.3 V　　LVTTL/LVCMOS
- 1.5 V、1.8 V、2.5 V 以及 3.3 V 单端 IO（single-ended IO）

1. 电源要求

USB-Blaster 下载电缆需要以下两组电源：

（1）USB 方向需要 5.0 V 电源。

（2）下载接口端需要与目标系统板工作电平一致的电源（1.5 V、1.8 V、2.5 V、3.3 V 或 5.0 V 等）。

2. 软件要求

USB-Blaster 下载电缆仅能在 Windows2000、WindowsXP 和 RedHat Linux 操作系统中使用，需要安装 QuartusII 4.0 或更高版本的开发下载软件。同时 USB-Blaster 下载电缆还支持下述软件：

- Quartus II Programmer（用来编程或配置芯片）
- Quartus II SgianlTap II Logic Analyzer（进行逻辑分析）
- Quartus II Programmer（单机版本）
- Quartus II SgianlTap II Logic Analyzer（单机版本）

3. 硬件连接

按照如下指示，正确地连接 USB-Blaster 下载电缆到目标板：

（1）关闭目标板电源。

（2）将 USB-Blaster 下载电缆与目标板的 10 针插头相连接，如图 4-1 所示。

（3）将 USB-Blaster 下载电缆的 USB 端插入 PC 机的 USB 接口。

（4）重新给目标板上电。

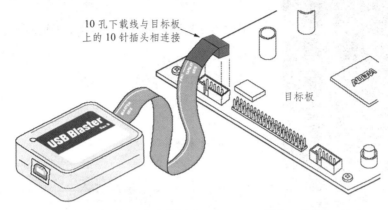

图 4-1 USB-Blaster 使用示意图

如果是第一次在装有 Windows 2000/XP 的计算机上使用 USB-Blaster 下载电缆，操作系统会弹出"发现新硬件"的安装向导，提示发现新的硬件，需要安装驱动，此时可以参阅下面的"安装 USB-Blaster 驱动"来完成。

4.2 USB-Blaster 驱动安装

在安装驱动之前，首先检查 USB-Blaster 驱动是否已经存在（在安装完 QuartusII 12.0 后，驱动会出现在\QuartusII 12.0 系统安装目录\drivers\usb-blaster 目录下）。

仅在 USB-Blaster 下载电缆第一次插入计算机时，系统会弹出"发现新硬件"的安装向导（如果是同一台 PC，但是插入了其他 USB 端口，有可能也会出现"发现新硬件"的安装向导），此时只需要按照下面的步骤进行安装便可。

（1）用 USB 线一端插入 USB-Blaster 下载电缆，另一端插入 PC 的 USB 接口，此时在桌面右下角的任务栏中将会出现如图 4-2 所示的发现新硬件的提示符。

图 4-2 系统提示发现新硬件

（2）稍等片刻，系统会弹出"找到新的硬件向导"的对话框，如图 4-3 所示。

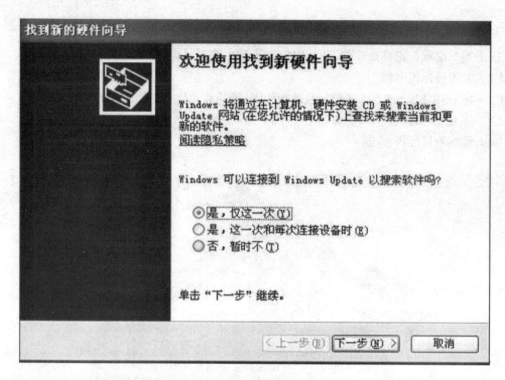

图 4-3　安装驱动第一步

（3）选择"是，仅这一次（Y）"后，点击【下一步】继续，如图 4-4 所示。

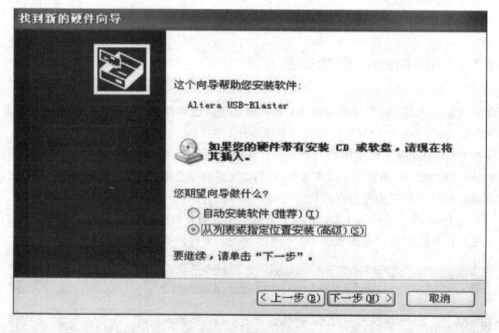

图 4-4　安装驱动第二步

（4）选择"从列表或指定位置安装（高级）（S）"后，点击【下一步】继续，如图 4-5 所示。

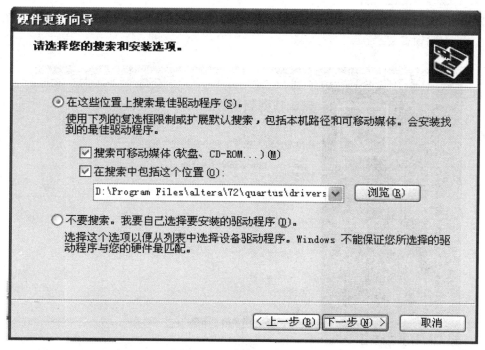

图 4-5　安装驱动第三步

（5）选中"在搜索中包括这个位置（O）"后，通过【浏览】按钮，找到驱动程序所在位置（本例中以 QuartusII 12.0 软件安装在 C 盘为例，相应的 USB 驱动就在 C：\altera\12.0\Quartus\drivers\usb-blaster\x32 目录中）。驱动目录指定后，点击【下一步】继续。

（6）此时系统会安装驱动程序，稍等片刻，系统会弹出如图 4-6 所示的提示对话框（由于该驱动程序未经过微软的徽标测试），此时点击【仍然继续】，继续安装驱动。

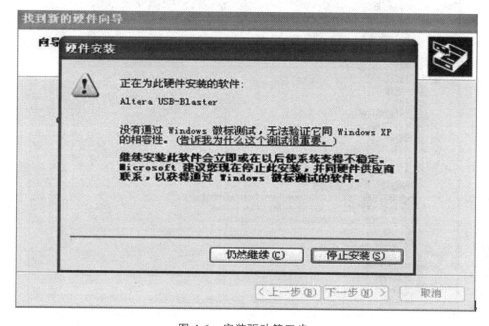

图 4-6　安装驱动第四步

（7）驱动安装结束后，系统会出现如图 4-7 所示的提示驱动安装完成的对话框，直接点击【完成】，结束驱动安装。

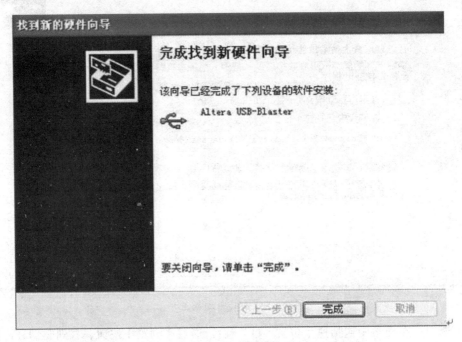

图 4-7　安装驱动第五步

（8）进入"设备管理器"查看硬件安装是否正确。正确安装 USB-Blaster 驱动后，会在"通用串行总线控制器"中出现"ALTERA USB-Blaster"的设备。如图 4-8 所示。

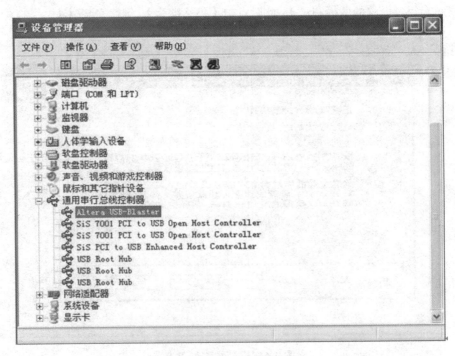

图 4-8　查看安装的设备状况

4.3　注意事项

（1）USB 下载电缆并不是 RC-SOPC-Ⅲ实验箱标配的电缆。

（2）严格按照"硬件连接"中提及的顺序进行操作。

（3）禁止在数据下载过程中拔掉 USB-Blaster 下载电缆。

（4）USB-Blaster 下载电缆与目标板连接前，请确认板上 10 针插座的顺序与 USB-Blaster 下载电缆的 10 孔插头相一致，且供电电压等满足表 2-4 所列的要求。

4.4　疑难解答

（1）USB-Blaster 下载电缆插入 PC 的 USB 接口后，系统没有任何反应。

答：请先插入其他 USB 设备（如 U 盘）到计算机，首先确认 USB 端口工作正常。也可将 USB-Blaster 下载电缆插入到别的计算机，以确认 USB-Blaster 下载电缆是否出现故障。

（2）在 Quartus II 的 Hardware Setup 中找不到 USB-Blaster 下载电缆。

答：请检查 USB-Blaster 下载电缆连接是否正确，工作是否正常。正常状态时，USB-Blaster 下载电缆上的 USB 指示灯应该常亮；如果闪烁或熄灭，则表示 USB 通信有误，请拔下后重新插入 USB-Blaster 下载电缆，直至 USB 状态指示灯显示正常。

（3）找不到目标器件。

答：请首先用 ByteBlaster Ⅱ或 Byte Blaster MV 电缆下载该器件，以证明目标板工作正常。

（4）下载数据不稳定，时对时错，有时甚至无法下载。

答：请检查目标板是否有虚焊、系统有否短路和断路、系统电压是否稳定正常、电源纹波大小等。

第5章　EDA实验

5.1　格雷码编码器的设计

5.1.1　实验目的

（1）了解格雷码变换的原理。

（2）进一步熟悉 QUARTUSII 软件的使用方法和 VHDL 输入的全过程。

（3）进一步掌握实验系统的使用。

5.1.2　实验原理

格雷（Gray）码是一种可靠性编码，在数字系统中有着广泛的应用。其特点是任意两个相邻的代码中仅有一位二进制数不同，因而在数码的递增和递减运算过程中不易出现差错。但是格雷码是一种无权码，要想正确而简单地和二进制码进行转换，必须找出其规律。

根据组合逻辑电路的分析方法，先列出其真值表再通过卡诺图化简，可以很快地找出格雷码与二进制码之间的逻辑关系。其转换规律为：高位同，从高到低看异同，异出"1"，同出"0"。也就是将二进制码转换成格雷码时，高位是完全相同的，下一位格雷码是"1"还是"0"，完全是相邻两位二进制码的"异"还是"同"来决定。下面举一个简单的例子加以说明。

假如要把二进制码 10110110 转换成格雷码，可以通过下面的方法来完成，方法如图 5-1 所示。

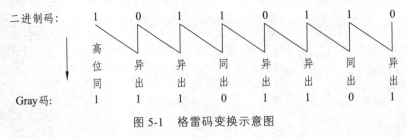

图 5-1　格雷码变换示意图

因此，变换出来的格雷码为 11101101。

5.1.3　实验内容

本实验要求完成的任务是将 8 位的二进制码变换为 8 位的格雷码。实验中用八位拨动开关模块的 SW1～SW8 表示 8 位二进制输入，用 LED 模块的 D1～D8 来表示转换的八位格雷码实验结果。实验 LED 亮表示对应的位为"1"，LED 灭表示对应的位为"0"。通过输入不同的值来观察输入的结果与实验原理中的转换规则是否一致。

5.1.4　实验步骤

（1）打开 QUARTUS Ⅱ 软件，新建一个工程。

（2）新建完工程之后，再新建一个 VHDL 文件，其过程如下：

① 选择 QUARTUS Ⅱ 软件中的 File＞New 命令，出现 New 对话框。如图 5-2 所示。

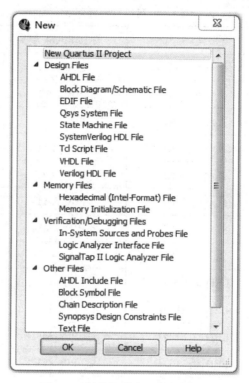

图 5-2　新建设计文件选择窗口

② 在 New 对话框（见图 5-2）中选择 Device Design Files 页下的 VHDL File，点击 OK 按钮，打开 VHDL 编辑器对话框，如图 5-3 所示。

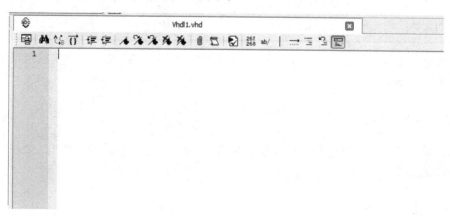

图 5-3　VHDL 编辑窗口

（3）按照实验原理和自己的想法，在 VHDL 编辑窗口编写 VHDL 程序，用户可参照 ALTERA 公司网站上提供的示例程序。

（4）编写完 VHDL 程序后，保存文件。

（5）对编写的 VHDL 程序进行编译，对程序的错误进行修改。

（6）编译无误后，参照附录进行管脚分配，表 5-1 是示例程序的管脚分配表。分配完成后，再进行一次全编译，以使管脚分配生效。

表 5-1　端口管脚分配表

端口名	使用模块信号	对应 FPGA 管脚	说明
SW1	拨动开关 K1	PIN_AD15	
SW2	拨动开关 K2	PIN_AC15	
SW3	拨动开关 K3	PIN_AB15	
SW4	拨动开关 K4	PIN_AA15	格雷编码器的数据输入
SW5	拨动开关 K5	PIN_Y15	
SW6	拨动开关 K6	PIN_AA14	
SW7	拨动开关 K7	PIN_AF14	
SW8	拨动开关 K8	PIN_AE14	
D1	LED 灯 LED1	PIN_N4	
D2	LED 灯 LED2	PIN_N8	
D3	LED 灯 LED3	PIN_M9	
D4	LED 灯 LED4	PIN_N3	格雷编码器的编码输出
D5	LED 灯 LED5	PIN_M5	
D6	LED 灯 LED6	PIN_M7	
D7	LED 灯 LED7	PIN_M3	
D8	LED 灯 LED8	PIN_M4	

（7）用下载电缆通过 JTAG 口将对应的 sof 文件加载到 FPGA 中。观察实验结果是否与自己的编程思想一致。

5.1.5　实验现象与结果

以设计的参考示例为例，当设计文件加载到目标器件后，拨动开关，LED 会按照实验原理显示对应的格雷码。

5.1.6　实验报告

（1）熟悉 QUARTUSII 软件。

（2）将实验原理、设计过程、编译结果、硬件测试结果记录下来。

5.1.7　主程序

```
library ieee;
use ieee.std_logic_1164.all;
use ieee.std_logic_arith.all;
use ieee.std_logic_unsigned.all;
----------------------------------------------------------------
entity gray_test is
    port( K1,K2,K3,K4,K5,K6,K7,K8      :   in     std_logic;
          D1,D2,D3,D4,D5,D6,D7,D8      :   out    std_logic
          );
end gray_test;
----------------------------------------------------------------
architecture behave of gray_test is
    begin
      process(K1,K2,K3,K4,K5,K6,K7,K8)
        begin
          D1<=K1;
          D2<=K1 xor K2;
          D3<=K2 xor K3;
          D4<=K3 xor K4;
          D5<=K4 xor K5;
          D6<=K5 xor K6;
          D7<=K6 xor K7;
          D8<=K7 xor K8;
      end process;

end behave;
```

5.2　含异步清零和同步使能的加法计数器

5.2.1　实验目的

（1）了解二进制计数器的工作原理。

（2）进一步熟悉 QUARTUSII 软件的使用方法和 VHDL 的输入。

（3）了解时钟在编程过程中的作用。

5.2.2 实验原理

含异步清零和同步使能的加法计数器是二进制计数器中应用最多、功能最全的计数器之一，其具体工作过程如下：

（1）在时钟上升沿的情况下，检测使能端是否允许计数，如果允许计数（定义使能端高电平有效）则开始计数，否则一直检测使能端信号。

（2）在计数过程中再检测复位信号是否有效（低电平有效），当复位信号起作用时，使计数值清零。

（3）继续进行检测和计数。

其工作时序如图 5-4 所示。

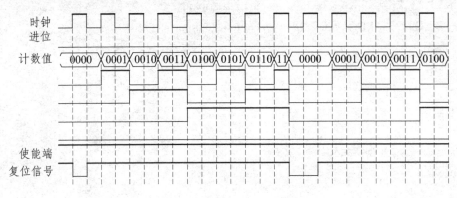

图 5-4　计数器的工作时序

5.2.3 实验内容

本实验要求完成的任务是在时钟信号的作用下，通过使能端和复位信号来完成加法计数器的计数。实验中时钟信号使用数字时钟源模块的 1 Hz 信号，用一位拨动开关 SW1 表示使能端信号，用复位开关 K1 表示复位信号，用 LED 模块的 D1 ~ D4 来表示计数的二进制结果。实验 LED 亮表示对应的位为 "1"，ED 灭表示对应的位为 "0"。通过输入不同的值模拟计数器的工作时序，观察计数的结果。数字时钟信号模块的电路原理如图 5-5 所示，表 5-2 是其时钟输出与 FPGA 的管脚连接表。

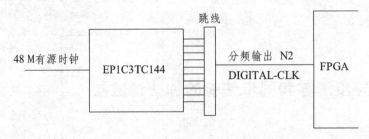

图 5-5　数字时钟信号模块电路原理

表 5-2　数字时钟输出与 FPGA 的管脚连接表

信号名称	对应 FPGA 管脚名	说明
CLK	PIN_L20	数字时钟信号送至 FPGA 的 PIN_L20

按键开关模块的电路原理如图 5 6 所示，表 5-3 是按键开关的输出与 FPGA 的管脚连接表。

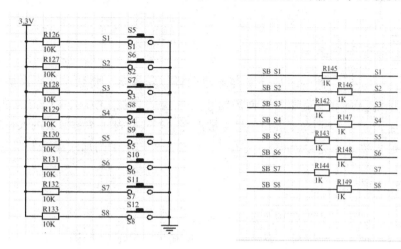

图 5-6　按键开关模块电路原理

表 5-3　按键开关与 FPGA 的管脚连接表

信号名称	对应 FPGA 引脚	说　明
K1	AC17	K1 信号输出至 FPGA

5.2.4　实验步骤

（1）打开 QUARTUSII 软件，新建一个工程。

（2）新建完工程之后，再新建一个 VHDL 文件，打开 VHDL 编辑器对话框。

（3）按照实验原理和自己的想法，在 VHDL 编辑窗口编写 VHDL 程序，用户可参照 ALTERA 公司网站上提供的示例程序。

（4）编写完 VHDL 程序后，保存文件。

（5）对编写的 VHDL 程序进行编译，对程序的错误进行修改。

（6）编译无误后，参照附录进行管脚分配。表 5-4 是示例程序的管脚分配表。分配完成后，再进行一次全编译，以使管脚分配生效。

表 5-4　端口管脚分配表

端口名	使用模块信号	对应 FPGA 管脚	说　明
CLK	数字信号源	PIN_L20	时钟为 1 Hz
EN	拨动开关 SW1	PIN_AD15	使能信号
RET	按键开关 K1	PIN_AC17	复位信号
CQ0	LED 灯 LED1	PIN_N4	
CQ1	LED 灯 LED2	PIN_N8	
CQ2	LED 灯 LED3	PIN_M9	计数输出
CQ3	LED 灯 LED4	PIN_N3	
COUT	LED 灯 LED8	PIN_M4	COUT 为进位信号

（7）用下载电缆通过 JTAG 口将对应的.sof 文件加载到 FPGA 中。观察实验结果是否与自己的编程思想一致。

5.2.5 实验现象与结果

以设计的参考示例为例，当设计文件加载到目标器件后，将数字信号源的时钟设置为 1 Hz，使拨动开关 SW1 置为高电平（使拨动开关向上），四位 LED 会按照实验原理依次被点亮，当加法器加到 9 时，LED8（进位信号）被点亮。当复位键（按键开关的 K1 键）按下后，计数被清零。如果拨动开关 SW1 置为低电平（拨动开关向下）则加法器不工作。

5.2.6 实验报告

（1）写出在 VHDL 编程过程中需要说明的规则。
（2）将实验原理、设计过程、编译结果、硬件测试结果记录下来。
（3）改变时钟频率，观察实验现象会有什么改变，试解释这一现象。

5.2.7 主程序

```vhdl
library ieee;
use ieee.std_logic_1164.all;
use ieee.std_logic_arith.all;
use ieee.std_logic_unsigned.all;
----------------------------------------------------------------
entity add is
    port( clk,ret,en    :  in    std_logic;
          cq                  :  out   std_logic_vector(3 downto 0);
          cout              :  out   std_logic
        );
end add;
----------------------------------------------------------------
architecture behave of add is
    begin
      process(clk,ret,en)
        variable   cqi :   std_logic_vector(3 downto 0);
        begin
          if   ret='0' then   cqi:=(others =>'0');
            elsif  clk'event   and   clk='1' then
              if   en='1' then
                if   cqi<15   then cqi:=cqi+1;
                else   cqi:=(others =>'0');
                end if;
```

```
            end   if;
         end if;
         if   cqi>9   then   cout<='1';
            else       cout<='0';
         end if;
         cq<=cqi;
      end   process;
   end   behave;
```

5.3　数控分频器的设计

5.3.1　实验目的

（1）学习数控分频器的设计、分析和测试方法。
（2）了解和掌握分频电路实现的方法。
（3）掌握 EDA 技术的层次化设计方法。

5.3.2　实验原理

数控分频器的功能就是当输入端给定不同的输入数据时，对输入的时钟信号会有不同的分频比，数控分频器就是用计数值可并行预置的加法计数器来设计完成的，方法是将计数溢出位与预置数加载输入信号相连接。

5.3.3　实验内容

本实验要求完成的任务是：在时钟信号的作用下，通过 8 个拨动开关输入不同的数据，改变分频比，使输出端口输出不同频率的时钟信号，达到数控分频的效果。在实验中，数字时钟选择 1 kHz 作为输入时钟信号（频率过高观察不到 LED 的闪烁快慢），用 8 个拨动开关作为数据的输入，当 8 个拨动开关置位一个二进制数时，在输出端口输出对应频率的时钟信号，用户可以用示波器观察信号输出模块频率的变化。也可以使输出端口接 LED 灯来观察频率的变化。在此实验中我们把输出接入 LED 灯模块。

5.3.4　实验步骤

（1）打开 QUARTUSII 软件，新建一个工程。
（2）新建完工程之后，再新建一个 VHDL 文件，打开 VHDL 编辑器对话框。
（3）按照实验原理和自己的想法，在 VHDL 编辑窗口编写 VHDL 程序，用户可参照 ALTERA 公司网站上提供的示例程序。
（4）编写完 VHDL 程序后，保存文件。
（5）对编写的 VHDL 程序进行编译，对程序的错误进行修改。

（6）编译无误后，参照附录进行管脚分配。表 5-5 是示例程序的管脚分配表。分配完成后，再进行一次全编译，以使管脚分配生效。

表 5-5　端口管脚分配表

端口名	使用模块信号	对应 FPGA 管脚	说　明
INCLK	数字信号源	PIN_L20	时钟为 1 kHz
DATA0	拨动开关 SW1	PIN_AD15	
DATA1	拨动开关 SW2	PIN_AC15	
DATA2	拨动开关 SW3	PIN_AB15	
DATA3	拨动开关 SW4	PIN_AA15	分频比数据
DATA4	拨动开关 SW5	PIN_Y15	
DATA5	拨动开关 SW6	PIN_AA14	
DATA6	拨动开关 SW7	PIN_AF14	
DATA7	拨动开关 SW8	PIN_AE14	
FOUT	LED 灯 LED1	PIN_N4	分频输出

（7）用下载电缆通过 JTAG 口将对应的 sof 文件加载到 FPGA 中。观察实验结果是否与自己的编程思想一致。

5.3.5　实验现象与结果

以设计的参考示例为例，当设计文件加载到目标器件后，将数字信号源模块的时钟设置为 1 kHz，拨动 8 位拨动开关，使其为一个数值，则输入的时钟信号使 LED 灯开始闪烁，改变拨动开关，LED 的闪烁快慢会按一定的规则发生改变。

5.3.6　实验报告

（1）在这个程序的基础上将分频器扩展为 16 位，写出 VHDL 代码。
（2）将实验原理、设计过程、编译结果、硬件测试结果记录下来。

5.3.7　主程序

```
library ieee;
use ieee.std_logic_1164.all;
use ieee.std_logic_arith.all;
use ieee.std_logic_unsigned.all;
--------------------------------------------------------------
entity fdiv is
  port( inclk    : in     std_logic;
        data     : in     std_logic_vector(7 downto 0);
        fout     : out    std_logic
```

```
        );
end fdiv;
--------------------------------------------------------------
architecture behave of fdiv is
signal full :std_logic;
  begin
    process(inclk)
      variable   cdount1 : std_logic_vector(7 downto 0);
      begin
        if  inclk'event   and   inclk='1' then
            if   cdount1="11111111"   then
                cdount1:=data;
                full<='1';
            else  cdount1:=cdount1+1;
                    full<='0';
            end if;
        end   if;
      end   process;
process(full)
      variable  cdount2 :   std_logic;
      begin
        if  full'event   and   full='1' then
            cdount2:= not cdount2;
                if   cdount2='1'   then
                    fout<='1';
                else
                    fout<='0';
                end if;
        end   if;
    end   process;
  end   behave;
```

5.4　四位并行乘法器的设计

5.4.1　实验目的

（1）了解四位并行乘法器的原理。

（2）了解四位并行乘法器的设计思想。

（3）掌握用 VHDL 语言实现基本二进制运算的方法。

5.4.2 实验原理

实现并行乘法器的方法有很多种，但是归结起来基本上分为两类：一类是靠组合逻辑电路实现，另一类是靠流水线结构实现。流水线结构的并行乘法器的最大有优点就是速度快，尤其是在连续输入的乘法器中，可以达到近乎单周期的运算速度，但是其实现起来比组合逻辑电路要稍微复杂一些。下面就组合逻辑电路实现无符号数乘法的方法作详细介绍。假如有被乘数 A 和乘数 B，首先用 A 与 B 的最低位相乘得到 S_1，然后再把 A 左移 1 位与 B 的第 2 位相乘得到 S_2，再将 A 左移 3 位与 B 的第三位相乘得到 S_3，依此类推，直到把 B 的所有位都乘完为止。然后再把乘得的结果 S_1、S_2、S_3……相加即得到最后的结果。需要注意的是，具体实现乘法器时并不是真正地去"乘"，而是利用简单的判断去实现，举个简单的例子。假如 A 左移 n 位后与 B 的第 n 位相乘，如果 B 的这位为"1"，那么相乘的中间结果就是 A 左移 n 位后的结果，否则如果 B 的这位为"0"，那么就直接让相乘的中间结果为 0 即可。待 B 的所有位相乘结束后，把所有的中间结果相加即得到 A 与 B 相乘的结果。

5.4.3 实验内容

本实验的任务是实现一个简单的四位并行乘法器，被乘数 A 用拨挡开关模块的 SW1～SW4 来表示，乘数 B 用 SW5～SW8 来表示，相乘的结果用 LED 模块的 LED1～LED8 来表示，LED 亮表示对应的位为"1"。时钟信号选取 1 kHz 作为扫描时钟，拨动开关输入一个 4 位的被乘数和一个 4 位的乘数，经过设计电路相乘后得到的数据在 LED 灯上显示出来。

5.4.4 实验步骤

（1）打开 QUARTUSII 软件，新建一个工程。

（2）新建完工程之后，再新建一个 VHDL 文件，打开 VHDL 编辑器对话框。

（3）按照实验原理和自己的想法，在 VHDL 编辑窗口编写 VHDL 程序，用户可参照 ALTERA 公司网站上提供的示例程序。

（4）编写完 VHDL 程序后，保存文件。

（5）对编写的 VHDL 程序进行编译，对程序的错误进行修改。

（6）编译无误后一次，参照附录进行管脚分配。表 5-6 是示例程序的管脚分配表。分配完成后，再进行全编译，以使管脚分配生效。

表 5-6　端口管脚分配表

端口名	使用模块信号	对应 FPGA 管脚	说　明
CLK	数字信号源	PIN_L20	时钟为 1 kHz
A0	拨动开关 SW4	PIN_AA15	被乘数数据
A1	拨动开关 SW3	PIN_AB15	
A2	拨动开关 SW2	PIN_AC15	
A3	拨动开关 SW1	PIN_AD15	

端口名	使用模块信号	对应 FPGA 管脚	说　明
B0	拨动开关 SW8	PIN_AE14	乘数数据
B1	拨动开关 SW7	PIN_AF14	
B2	拨动开关 SW6	PIN_AA14	
B3	拨动开关 SW5	PIN_Y15	
DATAOUT7	LED 灯 LED1	PIN_N4	两数相乘结果输出
DATAOUT6	LED 灯 LED2	PIN_N8	
DATAOUT5	LED 灯 LED3	PIN_M9	
DATAOUT4	LED 灯 LED4	PIN_N3	
DATAOUT3	LED 灯 LED5	PIN_M5	
DATAOUT2	LED 灯 LED6	PIN_M7	
DATAOUT1	LED 灯 LED7	PIN_M3	
DATAOUT0	LED 灯 LED8	PIN_M4	

（7）用下载电缆通过 JTAG 口将对应的 sof 文件加载到 FPGA 中。观察实验结果是否与自己的编程思想一致。

5.4.5　实验现象与结果

以设计的参考示例为例，当设计文件加载到目标器件后，将数字信号源模块的时钟选择为 1 kHz，拨动相应的拨动开关，输入一个 4 位的乘数和被乘数，在 LED 灯上则会显示这两个数值相乘的结果的二进制数。

5.4.6　实验报告

（1）在这个程序的基础上设计一个 8 位的并行乘法器。
（2）在这个程序的基础上，用数码管来显示相乘结果的十进制值。
（3）将实验原理、设计过程、编译结果、硬件测试结果记录下来。

5.4.7　主程序

```vhdl
library ieee;
use ieee.std_logic_1164.all;
use ieee.std_logic_arith.all;
use ieee.std_logic_unsigned.all;
----------------------------------------------------------------
entity mul is
  port( Clk       : in    std_logic;
        A,B       : in    std_logic_vector(3 downto 0);
        dataout   : out   std_logic_vector(7 downto 0)
        );
```

```
end mul;
----------------------------------------------------------------
architecture behave of mul is
   signal Temp11,Temp12,Temp13,Temp14   : std_logic_vector(7 downto 0);
   signal Temp21,Temp22   : std_logic_vector(7 downto 0);
   signal Temp3   : std_logic_vector(7 downto 0);
   begin
     dataout<=Temp3;
     process(Clk)
       begin
         if(Clk'event and Clk='1') then
             if(A(0)='1') then
                 Temp11<="0000"&B;
             else
                 Temp11<="00000000";
             end if;
             if(A(1)='1') then
                 Temp12<="000"&B&'0';
             else
                 Temp12<="00000000";
             end if;
             if(A(2)='1') then
                 Temp13<="00"&B&"00";
             else
                 Temp13<="00000000";
             end if;
             if(A(3)='1') then
                 Temp14<='0'&B&"000";
             else
                 Temp14<="00000000";
             end if;
         end if;
     end process;
     process(Clk)
       begin
         if(Clk'event and Clk='1') then
             Temp21<=Temp11+Temp12;
             Temp22<=Temp13+Temp14;
         end if;
```

```
        end process;
        process(Clk)
          begin
            if(Clk'event and Clk='1') then
                Temp3<=Temp21+Temp22;
            end if;
        end process;

end behave;
```

5.5　基本触发器的设计

5.5.1　实验目的

（1）了解基本触发器的工作原理。

（2）熟悉在 Quartus II 中基于原理图设计的流程。

5.5.2　实验原理

基本触发器的电路如图 5-7 所示。它可以由两个与非门交叉耦合组成，也可以由两个或非门交叉耦合组成。现在以两个与非门组成的基本触发器为例，来分析其工作原理。根据与非逻辑关系，可以得到基本触发器的状态转移真值表及简化的真值表，如表 5-7 所示。

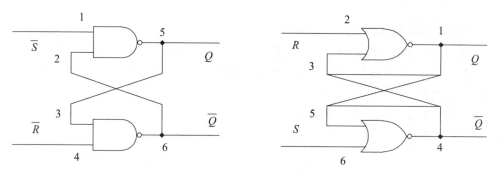

图 5-7　基本触发器电路

表 5-7　基本触发器状态转移真值表

状态转移真值表				简化真值表		
$\bar{R}$	$\bar{S}$	Q_n	Q_{n+1}	$\bar{R}$	$\bar{S}$	Q_{n+1}
0	1	0	0	0	1	0
0	1	1	0	1	0	1

状态转移真值表				简化真值表		
1	0	0	1	1	1	Q_n
1	0	1	1	0	0	不定
1	1	0	0			
1	1	1	1			
0	0	0	不定			
0	0	1	不定			

根据真值表，不难写出其特征方程：

$$\begin{cases} Q^{n+1} = \bar{S} + \bar{R}Q^n & (5.1) \\ \bar{S} + \bar{R} = 1 & (5.2) \end{cases}$$

其中式（5.2）为约束条件。

5.5.3 实验内容

本实验的任务就是利用 Quartus II 软件的原理图输入，产生一个基本触发器，触发器的形式可以是与非门结构的，也是可以或非门结构的。实验中用按键模块的 SW1 和 SW2 来分别表示 R 和 S，用 LED 模块的 LED8 和 LED1 分别表示 $\bar{Q}$ 和 Q。在 R 和 S 满足式（5.2）的情况下，观察 $\bar{Q}$ 和 Q 的变化。

5.5.4 实验步骤

（1）打开 QUARTUS II 软件，新建一个工程。

（2）新建完工程后，再新建一个图形符号输入文件，打开图形符号编辑器对话框。

（3）按照实验原理和自己的想法，在图形符号编辑窗口编写设计程序，用户可参照 ALTERA 公司网站上提供的示例程序。

（4）设计好电路原理图后，保存文件。

（5）对自己编写的设计电路原理图进行编译，对编译的错误进行修改。

（6）编译无误后，参照附录进行管脚分配。表 5-8 是示例程序的管脚分配表。分配完成后，再进行一次全编译，以使管脚分配生效。

表 5-8 端口管脚分配表

端口名	使用模块信号	对应 FPGA 管脚	说　明
NR	拨动开关 SW1	PIN_AD15	
NS	拨动开关 SW2	PIN_AC15	
Q	LED 灯 LED8	PIN_M4	
NQ	LED 灯 LED1	PIN_N4	

（7）用下载电缆通过 JTAG 口将对应的 sof 文件加载到 FPGA 中。观察实验结果是否与自己的编程思想一致。

5.5.5　实验现象与结果

以设计的参考示例为例，当设计文件加载到目标器件后，拨动相应的拨动开关（即 R、S），则通过 LED 灯上的亮和灭来显示这个触发器的输入结果。将输入与输出和表 5-10 基本触发器状态转移真值表进行比较，看是否一致。

5.5.6　实验报告

（1）试设计一个其他功能的触发器，如 D 触发器、JK 触发器等。

（2）将实验原理、设计过程、编译结果、硬件测试结果记录下来。

5.5.7　主程序

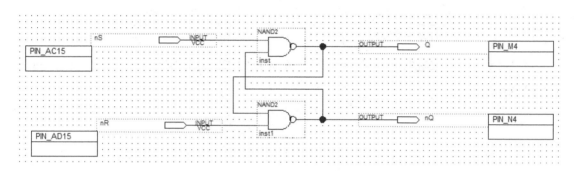

图 5-8　程序示意图

5.6　设计四位全加器

5.6.1　实验目的

（1）了解 4 位全加器的工作原理。

（2）掌握基本组合逻辑电路的 FPGA 实现。

（3）熟练应用 Quartus II 进行 FPGA 开发。

5.6.2　实验原理

全加器是由两个加数 X_i 和 Y_i 以及低位来的进位 C_{i-1} 作为输入，产生本位和 S_i 以及向高位的进位 C_i 的逻辑电路。它不但要完成本位二进制码 X_i 和 Y_i 相加，而且还要考虑到低 1 位进位 C_{i-1} 的逻辑。对于输入为 X_i、Y_i 和 C_{i-1}，输出为 S_i 和 C_i 的情况，根据二进制加法法则可以得到全加器的真值表如表 5-9 所示。

表 5-9 全加器真值表

X_i	Y_i	C_{i-1}	S_i	C_i
0	0	0	0	0
0	0	1	1	0
0	1	0	1	0
0	1	1	0	1
1	0	0	0	0
1	0	1	1	1
1	1	0	0	1
1	1	1	1	1

由真值表得到 S_i 和 C_i 的逻辑表达式，经化简后为

$$S_i = X_i \oplus Y_i \oplus C_{i-1}$$
$$C_i = (X_i \oplus Y_i)C_{i-1} + X_iY_i$$

这仅仅是 1 位的二进制全加器，要完成一个 4 位的二进制全加器，只需要把 4 个 1 位全加器级联起来即可。

5.6.3 实验内容

本实验要完成的任务是设计一个 4 位二进制全加器。具体的实验过程就是利用实验系统上的拨动开关 SW1 ~ SW4 作为一个加数 X 输入，SW5 ~ SW8 作为另一个加数 Y 输入，用 LED 模块的 LED1 ~ LED8 作为结果 S 输出，LED 亮表示输出 "1"，LED 灭表示输出 "0"。

5.6.4 实验步骤

（1）打开 QUARTUS II 软件，新建一个工程。

（2）新建完工程之后，再新建一个 VHDL 文件，打开 VHDL 编辑器对话框。

（3）按照实验原理和自己的想法，在 VHDL 编辑窗口编写 VHDL 程序，用户可参照 ALTERA 公司网站上提供的示例程序。

（4）编写完 VHDL 程序后，保存文件。

（5）对编写的 VHDL 程序进行编译，对程序的错误进行修改。

（6）编译无误后，参照附录进行管脚分配。表 5-10 是示例程序的管脚分配表。分配完成后，再进行一次全编译，以使管脚分配生效。

表 5-10 端口管脚分配表

端口名	使用模块信号	对应 FPGA 管脚	说 明
X0	拨动开关 SW4	PIN_AA15	加数数据
X1	拨动开关 SW3	PIN_AB15	

端口名	使用模块信号	对应 FPGA 管脚	说　明
X2	拨动开关 SW2	PIN_AC15	加数数据
X3	拨动开关 SW1	PIN_AD15	
Y0	拨动开关 SW8	PIN_AE14	
Y1	拨动开关 SW7	PIN_AF14	
Y2	拨动开关 SW6	PIN_AA14	
Y3	拨动开关 SW5	PIN_Y15	
m_Result7	LED 灯 LED1	PIN_N4	两个加数相加结果输出
m_Result6	LED 灯 LED2	PIN_N8	
m_Result5	LED 灯 LED3	PIN_M9	
m_Result4	LED 灯 LED4	PIN_N3	
m_Result3	LED 灯 LED5	PIN_M5	
m_Result2	LED 灯 LED6	PIN_M7	
m_Result1	LED 灯 LED7	PIN_M3	
m_Result0	LED 灯 LED8	PIN_M4	

（7）用下载电缆通过 JTAG 口将对应的 sof 文件加载到 FPGA 中。观察实验结果是否与自己的编程思想一致。

5.6.5　实验现象与结果

以设计的参考示例为例，当设计文件加载到目标器件后，拨动相应的拨动开关，输入两个 4 位的加数，则在 LED 灯上显示这两个数值相加的结果的二进制数。

5.6.6　实验报告

（1）给出不同的加数，并作说明。
（2）在这个程序的基础上设计一个 8 位的全加器。
（3）在这个程序的基础上，用数码管来显示相乘结果的十进制值数。
（4）将实验原理、设计过程、编译结果、硬件测试结果记录下来。

5.6.7　主程序

```
library ieee;
use ieee.std_logic_1164.all;
use ieee.std_logic_arith.all;
use ieee.std_logic_unsigned.all;
------------------------------------------------------------------
entity full_add is
```

```
   port(   X,Y         :   in      std_logic_vector(3 downto 0);
            m_Result:   out     std_logic_vector(7 downto 0)
         );
end full_add;
---------------------------------------------------------------------
architecture behave of full_add is
   signal S1,S2,S3 : std_logic;
   begin
     process(X,Y)
       begin
         m_Result(0)<=X(0) xor Y(0);
         S1<=X(0) and Y(0);
         m_Result(1)<=X(1) xor Y(1) xor S1;
         S2<=((X(1) xor Y(1)) and S1) or (X(1) and Y(1));
         m_Result(2)<=X(2) xor Y(2) xor S2;
         S3<=((X(2) xor Y(2)) and S2) or (X(2) and Y(2));
         m_Result(3)<=X(3) xor Y(3) xor S3;
         m_Result(4)<=((X(3) xor Y(3)) and S3) or (X(3) and Y(3));
         m_Result(7 downto 5)<="000";

     end process;

end behave;
```

5.7 七人表决器的设计

5.7.1 实验目的

（1）熟悉 VHDL 的编程。
（2）熟悉七人表决器的工作原理。
（3）进一步了解实验系统的硬件结构。

5.7.2 实验原理

所谓表决器就是对于一个行为，由多个人投票，如果同意的票数过半，就认为此行为可行；如果否决的票数过半，则认为此行为无效。

七人表决器顾名思义就是由七个人来投票，当同意的票数大于或者等于 4 时，则认为同意；反之，当否决的票数大于或者等于 4 时，则认为不同意。实验中用 7 个拨动开关来表示七个人，当对应的拨动开关输入为"1"时，表示此人同意；否则若拨动开关输入为"0"，则表示此人反对。表决的结果用一个 LED 表示，若表决的结果为同意，则 LED 被点亮；如果表决的结果为反对，则 LED 不会被点亮。同时，数码管上显示通过的票数。

5.7.3　实验内容

本实验就是利用实验系统中的拨动开关模块和 LED 模块以及数码管模块来实现一个简单的七人表决器的功能。拨动开关模块中的 SW1～SW7 表示七个人，当拨动开关输入为"1"时，表示对应的人投同意票，否则当拨动开关输入为"0"时，表示对应的人投反对票。LED 模块中 LED1 表示七人表决的结果，当 LED1 点亮时，表示此行为通过表决；当 LED1 熄灭时，表示此行为未通过表决。同时，通过的票数在数码管上显示出来。

5.7.4　实验步骤

（1）打开 QUARTUS Ⅱ软件，新建一个工程。

（2）新建完工程之后，再新建一个 VHDL 文件，打开 VHDL 编辑器对话框。

（3）按照实验原理和自己的想法，在 VHDL 编辑窗口编写 VHDL 程序，用户可参照 ALTERA 公司网站上提供的示例程序。

（4）编写完 VHDL 程序后，保存文件。

（5）对编写的 VHDL 程序进行编译，对程序的错误进行修改。

（6）编译无误后，参照附录进行管脚分配。表 5-11 是示例程序的管脚分配表。分配完成后，再进行一次全编译，以使管脚分配生效。

表 5-11　端口管脚分配表

端口名	使用模块信号	对应 FPGA 管脚	说　明
K1	拨动开关 SW1	PIN_AD15	七位投票人的表决器
K2	拨动开关 SW2	PIN_AC15	
K3	拨动开关 SW3	PIN_AB15	
K4	拨动开关 SW4	PIN_AA15	
K5	拨动开关 SW5	PIN_Y15	
K6	拨动开关 SW6	PIN_AA14	
K7	拨动开关 SW7	PIN_AF14	
m_Result	LED 模块 LED1	PIN_N4	表决结果亮为通过
LEDAG0	数码管模块 A 段	PIN_K28	表决通过的票数
LEDAG1	数码管模块 B 段	PIN_K27	
LEDAG2	数码管模块 C 段	PIN_K26	
LEDAG3	数码管模块 D 段	PIN_K25	
LEDAG4	数码管模块 E 段	PIN_K22	
LEDAG5	数码管模块 F 段	PIN_K21	
LEDAG6	数码管模块 G 段	PIN_L23	

（7）用下载电缆通过 JTAG 口将对应的.sof 文件加载到 FPGA 中。观察实验结果是否与自己的编程思想一致。

5.7.5　实验结果与现象

以设计的参考示例为例，当设计文件加载到目标器件后，拨动实验系统中拨动开关模块的 SW1~SW7 拨动开关，如果拨动开关的值为"1"（即拨动开关的开关置于上端，表示此人通过表决）的个数大于或等于 4 时，LED 模块的 LED1 被点亮，否则 LED1 不被点亮。同时数码管上显示通过表决的人数。

5.7.6　实验报告

（1）将实验原理、设计过程、编译结果、硬件测试结果记录下来。
（2）试在此实验的基础上增加一个表决的时间，只有在这一时间内的表决结果有效。

5.7.7　主程序

```vhdl
library ieee;
use ieee.std_logic_1164.all;
use ieee.std_logic_arith.all;
use ieee.std_logic_unsigned.all;
------------------------------------------------------------------
entity decision is
  port(
          k1,K2,K3,K4,K5,K6,K7      :   in    std_logic;
          ledag                     :   out   std_logic_vector(7 downto 0);
          m_Result                  :   out   std_logic
          );
end decision;
------------------------------------------------------------------
architecture behave of decision is
  signal    K_Num               : std_logic_vector(2 downto 0);
  signal    K1_Num,K2_Num: std_logic_vector(2 downto 0);
  signal    K3_Num,K4_Num: std_logic_vector(2 downto 0);
  signal    K5_Num,K6_Num: std_logic_vector(2 downto 0);
  signal    K7_Num               : std_logic_vector(2 downto 0);

  begin
    process(K1,K2,K3,K4,K5,K6,K7)
      begin
        K1_Num<='0'&'0'&K1;
```

```
        K2_Num<='0'&'0'&K2;
        K3_Num<='0'&'0'&K3;
        K4_Num<='0'&'0'&K4;
        K5_Num<='0'&'0'&K5;
        K6_Num<='0'&'0'&K6;
        K7_Num<='0'&'0'&K7;
    end process;

    process(K1_Num,K2_Num,K3_Num,K4_Num,K5_Num,K6_Num,K7_Num)
      begin
        K_Num<=K1_Num+K2_Num+K3_Num+K4_Num+K5_Num+K6_Num+K7_Num;
    end process;

    process(K_Num)
      begin
        if(K_Num>3) then
            m_Result<='1';
        else
            m_Result<='0';
        end if;
    end process;
  process(K_Num)
      begin
        case   K_Num   is
          when "000"=>ledag<="11000000";
          when "001"=>ledag<="11111001";
          when "010"=>ledag<="10100100";
          when "011"=>ledag<="10110000";
          when "100"=>ledag<="10011001";
          when "101"=>ledag<="10010010";
          when "110"=>ledag<="10000010";
          when "111"=>ledag<="11111000";
          when others=>ledag<="11111111";
        end case;
    end process;
end behave;
```

5.8 四人抢答器的设计

5.8.1 实验目的

（1）熟悉四人抢答器的工作原理。
（2）加深对 VHDL 语言的理解。
（3）掌握 EDA 开发的基本流程。

5.8.2 实验原理

抢答器在各类竞赛性质的场合得到了广泛的应用，它的出现，消除了原来由于人眼的误差而未能正确判断最先抢答者的情况。

抢答器的原理比较简单，首先必须设置一个抢答允许标志位，目的就是为了允许或者禁止抢答者按按钮。如果抢答允许位有效，那么第一个抢答者按下的按钮时就将其禁止，同时记录按钮的序号，也就是对应的抢答者。这样做的目的是为了禁止后面再出现人按下按钮的情况。总的说来，抢答器的实现原理就是在抢答允许位有效后，第一个按下按钮的人将其清除以禁止再有按钮按下，同时记录清除抢答允许位的按钮的序号并显示出来。

5.8.3 实验内容

本实验的任务是设计一个四人抢答器，用按键模块的 K5 来做抢答允许按钮，用 K1～K4 来表示 1 号～4 号抢答者，同时用 LED 模块的 LED1～LED4 分别表示于抢答者对应的位子。具体要求为：按下 K5 一次，允许一次抢答，这时 K1～K4 中第一个按下的按键将抢答允许位清除，同时将对应的 LED 点亮，用来表示对应的按键抢答成功。数码管显示对应抢答成功者的号码。

5.8.4 实验步骤

（1）打开 QUARTUSII 软件，新建一个工程。
（2）新建完工程之后，再新建一个 VHDL 文件，打开 VHDL 编辑器对话框。
（3）按照实验原理和自己的想法，在 VHDL 编辑窗口编写 VHDL 程序，用户可参照 ALTERA 公司网站上提供的示例程序。
（4）编写完 VHDL 程序后，保存文件。
（5）对编写的 VHDL 程序进行编译，对程序的错误进行修改。
（6）编译无误后，依照按键开关、LED、数码管与 FPGA 的管脚连接表或参照附录进行管脚分配。表 5-12 是示例程序的管脚分配表。分配完成后，再进行一次全编译，以使管脚分配生效。

表 5-12 端口管脚分配表

端口名	使用模块信号	对应 FPGA 管脚	说 明
S1	按键开关 K1	PIN_AC17	表示 1 号抢答者
S2	按键开关 K2	PIN_AF17	表示 2 号抢答者

端口名	使用模块信号	对应 FPGA 管脚	说　明
S3	按键开关 K3	PIN_AD18	表示 3 号抢答者
S4	按键开关 K4	PIN_AH18	表示 4 号抢答者
S5	按键开关 K5	PIN_AA17	开始抢答按键
DOUT0	LED 模块 LED1	PIN_N4	1 号抢答者灯
DOUT1	LED 模块 LED2	PIN_N8	2 号抢答者灯
DOUT2	LED 模块 LED3	PIN_M9	3 号抢答者灯
DOUT3	LED 模块 LED4	PIN_N3	4 号抢答者灯
LEDAG0	数码管模块 A 段	PIN_K28	
LEDAG1	数码管模块 B 段	PIN_K27	
LEDAG2	数码管模块 C 段	PIN_K26	
LEDAG3	数码管模块 D 段	PIN_K25	抢答成功者号码显示
LEDAG4	数码管模块 E 段	PIN_K22	
LEDAG5	数码管模块 F 段	PIN_K21	
LEDAG6	数码管模块 G 段	PIN_L23	

（7）用下载电缆通过 JTAG 口将对应的 sof 文件加载到 FPGA 中。观察实验结果是否与自己的编程思想一致。

5.8.5　实验结果与现象

以设计的参考示例为例，当设计文件加载到目标器件后，按下按键开关的 K5 按键，表示开始抢答。然后，同时按下 K1～K4，首先按下的键的键值被数码管显示出来，对应的 LED 灯被点亮。与此同时，其他按键失去抢答作用。

5.8.6　实验报告

将实验原理、设计过程、编译结果、硬件测试结果记录下来。

5.8.7　主程序

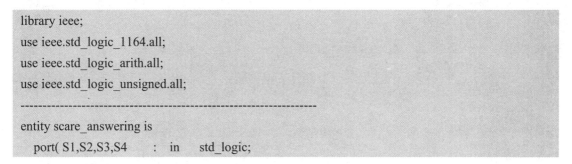

```
library ieee;
use ieee.std_logic_1164.all;
use ieee.std_logic_arith.all;
use ieee.std_logic_unsigned.all;
-----------------------------------------------------------------------
entity scare_answering is
  port( S1,S2,S3,S4    :   in    std_logic;
```

```vhdl
        S5                 :  in    std_logic;
        ledag              :  out   std_logic_vector(7 downto 0);
        Dout               :  out   std_logic_vector(3 downto 0)
        );
end scare_answering;
-------------------------------------------------------------------
architecture behave of scare_answering is
  signal Enable_Flag : std_logic;
  signal S                : std_logic_vector(3 downto 0);
  signal D                : std_logic_vector(3 downto 0);
  begin
    process(S1,S2,S3,S4,S5)
      begin
        S<=S1&S2&S3&S4;
        if(S5='0') then
            Enable_Flag<='1';
        elsif(S/="1111") then
            Enable_Flag<='0';
        end if;
    end process;
    process(S1,S2,S3,S4,S5)
      begin
        if(S5='0') then
          D<="0000";
            elsif(Enable_Flag='1') then
            if(S1='0') then
                D(0)<='1';
            elsif(S2='0') then
                D(1)<='1';
            elsif(S3='0') then
                D(2)<='1';
            elsif(S4='0') then
                D(3)<='1';
            end if;
            dout<=d;
        end if;
    end process;
    process(d)
      begin
```

```
        case  d  is
          when "0000"=>ledag<="11000000";
          when "0001"=>ledag<="11111001";
          when "0010"=>ledag<="10100100";
          when "0100"=>ledag<="10110000";
          when "1000"=>ledag<="10011001";
          when others=>ledag<="11111111";
        end case;
      end process;

end behave;
```

5.9　八位七段数码管动态显示电路的设计

5.9.1　实验目的

（1）了解数码管的工作原理。
（2）学习七段数码管显示译码器的设计。
（3）学习 VHDL 的 CASE 语句及多层次设计方法。

5.9.2　实验原理

七段数码管是电子开发过程中常用的输出显示设备。在实验系统中使用的是两个四位一体、共阴极型七段数码管。其单个静态数码管如图 5-9 所示。

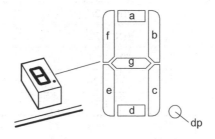

图 5-9　静态七段数码管

由于七段数码管公共端连接到 GND（共阴极型），当数码管的中的哪一段被输 入高电平，则这一段被点亮。反之则不亮。四位一体的七段数码管在单个静态数码管的基础上加入了用于选择数码管的位选信号端口。8 个数码管的 a、b、c、d、e、f、g、h、dp 都连在一起，分别由各自的位选信号来控制，被选通的数码管显示数据，其余关闭。

5.9.3 实验内容

本实验要求完成的任务是：在时钟信号的作用下，通过输入的键值在数码管上显示相应的键值。在实验时，数字时钟选择 1 kHz 作为扫描时钟，用 4 个拨动开关作为输入，当 4 个拨动开关置为某个二进制数时，在数码管上显示其十六进制的数值。实验箱中的拨动开关与 FPGA 的接口电路，以及拨动开关与 FPGA 的管脚连接在实验一中都做了详细说明，这里不再赘述。数码管显示模块的电路原理如图 5-10 所示，表 5-13 是数码管的输入与 FPGA 的管脚连接表。

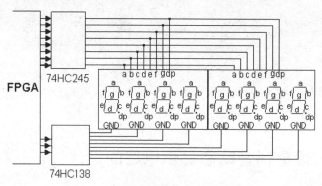

图 5-10 数码管显示模块的电路原理

表 5-13 数码管与 FPGA 的管脚连接表

信号名称	对应 FPGA 管脚名	说　明
7SEG-A	PIN_K28	数码管 A 段输入信号
7SEG-B	PIN_K27	数码管 B 段输入信号
7SEG-C	PIN_K26	数码管 C 段输入信号
7SEG-D	PIN_K25	数码管 D 段输入信号
7SEG-E	PIN_K22	数码管 E 段输入信号
7SEG-F	PIN_K21	数码管 F 段输入信号
7SEG-G	PIN_L23	数码管 G 段输入信号
7SEG-DP	PIN_L22	数码管 dp 段输入信号
7SEG-SEL0	PIN_L24	数码管位选输入信号
7SEG-SEL1	PIN_M24	数码管位选输入信号
7SEG-SEL2	PIN_L26	数码管位选输入信号

5.9.4 实验步骤

（1）打开 QUARTUSII 软件，新建一个工程。

（2）新建完工程之后，再新建一个 VHDL 文件，打开 VHDL 编辑器对话框。

（3）按照实验原理和自己的想法，在 VHDL 编辑窗口编写 VHDL 程序，用户可参照 ALTERA 公司网站上提供的示例程序。

（4）编写完 VHDL 程序后，保存文件。

（5）对编写的 VHDL 程序进行编译，对程序的错误进行修改。

（6）编译无误后，参照附录进行管脚分配。表 5-14 是示例程序的管脚分配表。分配完成后，再进行一次全编译，以使管脚分配生效。

表 5-14　端口管脚分配表

端口名	使用模块信号	对应 FPGA 管脚	说　明
CLK	数字信号源	PIN_L20	时钟为 1 kHz
KEY0	拨动开关 SW1	PIN_AD15	二进制数据输入
KEY1	拨动开关 SW2	PIN_AC15	
KEY2	拨动开关 SW3	PIN_AB15	
KEY3	拨动开关 SW4	PIN_AA15	
LEDAG0	数码管 A 段	PIN_K28	十六进制数据输出显示
LEDAG1	数码管 B 段	PIN_K27	
LEDAG2	数码管 C 段	PIN_K26	
LEDAG3	数码管 D 段	PIN_K25	
LEDAG4	数码管 E 段	PIN_K22	
LEDAG5	数码管 F 段	PIN_K21	
LEDAG6	数码管 G 段	PIN_L23	
DEL0	位选 DEL0	PIN_L22	
DEL1	位选 DEL1	PIN_L24	
DEL2	位选 DEL2	PIN_M24	

（7）用下载电缆通过 JTAG 口将对应的 .sof 文件加载到 FPGA 中。观察实验结果是否与自己的编程思想一致。

5.9.5　实验现象与结果

以设计的参考示例为例，当设计文件加载到目标器件后，将数字信号源模块的时钟选择为 1 kHz，拨动 4 位拨动开关，使其为某个数值，则 8 个数码管均显示拨动开关所表示的十六进制的数值。

5.9.6　实验报告

（1）明确扫描时钟是如何工作的，改变扫描时钟会有什么变化。

（2）将实验原理、设计过程、编译结果、硬件测试结果记录下来。

5.9.7　主程序

```
library ieee;
use ieee.std_logic_1164.all;
```

```vhdl
use ieee.std_logic_arith.all;
use ieee.std_logic_unsigned.all;
----------------------------------------------------------------
entity seg is
  port( clk    : in     std_logic;
          key    : in     std_logic_vector(3 downto 0);
          ledag  : out    std_logic_vector(7 downto 0);
          del    : out    std_logic_vector(2 downto 0)
          );
end seg;
----------------------------------------------------------------
architecture whbkrc of seg is
    begin
      process(clk)
        variable   dount :  std_logic_vector(2 downto 0);
        begin
          if    clk'event   and   clk='1' then
                dount:=dount+1;
          end if;
            del<=dount;
      end   process;
        process(key)
        begin
        case   key   is
            when   "0000" => ledag <="00111111";
            when   "0001" => ledag <="00000110";
            when   "0010" => ledag <="01011011";
            when   "0011" => ledag <="01001111";
            when   "0100" => ledag <="01100110";
            when   "0101" => ledag <="01101101";
            when   "0110" => ledag <="01111101";
            when   "0111" => ledag <="00000111";
            when   "1000" => ledag <="01111111";
            when   "1001" => ledag <="01101111";
            when   "1010" => ledag <="01110111";
            when   "1011" => ledag <="01111100";
            when   "1100" => ledag <="00111001";
            when   "1101" => ledag <="01011110";
            when   "1110" => ledag <="01111001";
```

```
        when   "1111" => ledag <="01110001";
        when   others => null;
    end   case;
  end   process;
end   whbkrc;
```

5.10　矩阵键盘显示电路的设计

5.10.1　实验目的

（1）了解普通 4×4 矩阵键盘扫描的原理。
（2）进一步加深数码管显示过程的理解。
（3）了解对输入/输出端口的定义方法。

5.10.2　实验原理

实现键盘有两种方案：一是采用现有的一些芯片实现键盘扫描；再就是用软件实现键盘扫描。作为一个嵌入系统设计人员，总是会关心产品成本。目前有很多芯片可以用来实现键盘扫描，但是键盘扫描的软件实现方法有助于缩减一个系统的重复开发成本，且只需要很少的 CPU 开销。嵌入式控制器的功能很强，可以充分利用这一资源实现软件扫描，这里就介绍一下软键盘的实现方案。

通常在键盘中使用了一个瞬时接触开关，简单电路如图 5-11 所示，微处理器可以容易地检测到开关的闭合。当开关打开时，通过处理器的 IO 口的一个上拉电阻提供逻辑"1"；当开关闭合时，处理器的 IO 口的输入将被拉低得到逻辑"0"。遗憾的是，开关并不完善，因为当它们被按下或者被释放时，并不能够产生一个明确的"1"或者"0"。尽管触点可能看起来稳定而且能很快地闭合，但与微处理器的运行速度相比，这种动作是比较慢的。当触点闭合时，会像一个球反复弹起，其效果将产生如图 5-12 所示的按键抖动。抖动的持续时间通常为 5～30 ms。如果需要多个键，则可以将每个开关连接到微处理器上各自的输入端口。然而，当开关的数目增加时，这种方法将很快使用完所有的输入端口。

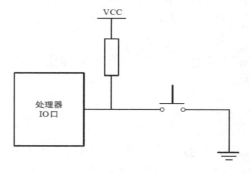

图 5-11　简单键盘电路

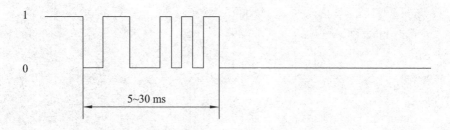

图 5-12　按键抖动

键盘开关最有效的设计方法（当需要 5 个以上的键时）是形成一个如图 5-13 所示的二维矩阵。当行和列的数目一样多时，形成方形的矩阵，将产生一个最优化的排列方式（IO 端被连接的时候），一个瞬时接触开关（按钮）放置在每个行与列的交叉点。矩阵所需的键的数目显然根据应用程序而不同。每一行由一个输出端口的一位驱动，而每一列接入一位输入端口并与一个上拉电阻器相连。

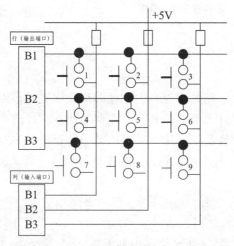

图 5-13　矩阵键盘

键盘扫描的实现过程如下：对于 4×4 键盘，通常连接为 4 行、4 列，因此要识别按键，只需要知道是哪一行和哪一列即可。为了完成这一识别过程，我们首先固定输出 4 行为高电平，输出 4 列为低电平，再读入输出的 4 行的值。通常高电平会被低电平拉低，如果读入的 4 行均为高电平，那么肯定没有按键按下；如果读入的 4 行有一位为低电平，那么对应的该行肯定有一个按键按下，这样便可以获取按键的行值。同理，获取列值也是如此，先输出 4 列为高电平，输出 4 行为低电平，再读入列值，如果其中有哪一位为低电平，那么肯定对应的那一列有按键按下。

获取了行值和列值以后，组合成一个 8 位的数据，根据不同的编码对每个按键进行匹配，找到键值后在 7 段码管显示。

5.10.3　实验内容

本实验要求完成的任务是：通过编程实现对 4X4 矩阵键盘按下键的键值的读取，并在数码管上完成一定功能（如移动等）的显示。键盘的定义为：按下"×"键则在数码管是显示

"E"键值；按下"#"键在数码管上显示"F"键值；其他的键则按键盘上的标识进行显示。

在此实验中数码管与 FPGA 的连接电路和管脚连接在以前的实验中都做了详细说明，这里不再赘述。本实验箱上的 4X4 矩阵键盘的电路原理如图 5-14 所示。与 FPGA 的管脚连接如表 5-15 所示。

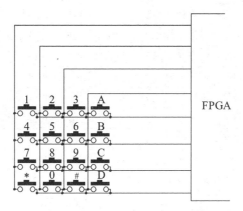

图 5-14　4×4 矩阵键盘电路原理图

表 5-15　4×4 矩阵键与 FPGA 的管脚连接表

信号名称	对应 FPGA 管脚名	说　明
KEY-C0	PIN_AE28	矩阵键盘的第 1 列选择
KEY-C1	PIN_AE26	矩阵键盘的第 2 列选择
KEY-C2	PIN_AE24	矩阵键盘的第 3 列选择
KEY-C3	PIN_H19	矩阵键盘的第 4 列选择
KEY-R0	PIN_AG26	矩阵键盘的第 1 行选择
KEY-R1	PIN_AH26	矩阵键盘的第 2 行选择
KEY-R2	PIN_AA23	矩阵键盘的第 3 行选择
KEY-R3	PIN_AB23	矩阵键盘的第 4 行选择

5.10.4　实验步骤

（1）打开 QUARTUSII 软件，新建一个工程。

（2）新建完工程之后，再新建一个 VHDL 文件，打开 VHDL 编辑器对话框。

（3）按照实验原理和自己的想法，在 VHDL 编辑窗口编写 VHDL 程序，用户可参照 ALTERA 公司网站上提供的示例程序。

（4）编写完 VHDL 程序后，保存文件。

（5）对编写的 VHDL 程序进行编译，对程序的错误进行修改。

（6）编译无误后，参照附录进行管脚分配。表 5-16 是示例程序的管脚分配表。分配完成后，再进行一次全编译，以使管脚分配生效。

表 5-16　管脚分配

端口名	使用模块信号	对应 FPGA 管脚	说明
CLK	数字信号源	PIN_L20	时钟为 1 kHz
KR0	4×4 矩阵键盘 R0	PIN_AG26	矩阵键盘行信号
KR1	4×4 矩阵键盘 R1	PIN_AH26	
KR2	4×4 矩阵键盘 R2	PIN_AA23	
KR3	4×4 矩阵键盘 R3	PIN_AB23	
KC0	4×4 矩阵键盘 C0	PIN_AE28	矩阵键盘列信号
KC1	4×4 矩阵键盘 C1	PIN_AE26	
KC2	4×4 矩阵键盘 C2	PIN_AE24	
KC3	4×4 矩阵键盘 C3	PIN_H19	
A	数码管模块 A 段	PIN_K28	键值显示
B	数码管模块 B 段	PIN_K27	
C	数码管模块 C 段	PIN_K26	
D	数码管模块 D 段	PIN_K25	
E	数码管模块 E 段	PIN_K22	
F	数码管模块 F 段	PIN_K21	
G	数码管模块 G 段	PIN_L23	
SA	数码管模块 SEL0	PIN_L24	
SB	数码管模块 SEL1	PIN_M24	
SC	数码管模块 SEL2	PIN_L26	

（7）用下载电缆通过 JTAG 口将对应的 sof 文件加载到 FPGA 中。观察实验结果是否与自己的编程思想一致。

5.10.5　实验结果与现象

以设计的参考示例为例，当设计文件加载到目标器件后，将数字信号源模块的时钟选择为 1 kHz，按下矩阵键盘的某一个键，则在数码管上显示对应的这个按键标识的键值，当再按下第二个键的时候前一个键的键值在数码管上左移一位。按下"×"键则在数码管是显示"E"键值。按下"#"键在数码管上显示"F"键值。

5.10.6　实验报告

（1）根据自己的思路，找一找还有没有其他方法进行键盘的扫描显示。并画出流程图。
（2）将实验原理、设计过程、编译结果、硬件测试结果记录下来。

5.10.7　主程序

```
library ieee;
use ieee.std_logic_1164.all;
use ieee.std_logic_arith.all;
```

```
use ieee.std_logic_unsigned.all;
------------------------------------------------------------------
entity keyboard is
  port( Clk                : in        std_logic;
        Kc                 : buffer    std_logic_vector(3 downto 0);
        Kr                 : in        std_logic_vector(3 downto 0);
        a,b,c,d,e,f,g       : out       std_logic;
        Sa,sb,sc            : buffer    std_logic);
end keyboard;
------------------------------------------------------------------
architecture behave of keyboard is

  signal keyr,keyc       : std_logic_vector(3 downto 0);
  signal kcount          : std_logic_vector(2 downto 0);
  signal dcount          : std_logic_vector(2 downto 0);
  signal kflag1,kflag2 : std_logic;
  signal buff1,buff2,buff3,buff4,buff5,buff6,buff7,buff8 : integer range 0 to 15;
  signal Disp_Temp        : integer range 0 to 15;
  signal Disp_Decode     : std_logic_vector(6 downto 0);

  begin

    process(Clk)
      begin
        if(Clk'event and Clk='1') then
          if(Kr="1111") then
              kflag1<='0';
              kcount<=kcount+1;
              if(kcount=0) then
                  kc<="1110";
              elsif(kcount=1) then
                  kc<="1101";
              elsif(kcount=2) then
                  kc<="1011";
              else
                  kc<="0111";
              end if;
            else
              kflag1<='1';
```

```
                    keyr<=Kr;
                    keyc<=Kc;
            end if;
            kflag2<=kflag1;
        end if;
    end process;

process(Clk)
    begin

        if(Clk'event and Clk='1') then
            if(kflag1='1' and kflag2='0' ) then
                buff1<=buff2;
                buff2<=buff3;
                buff3<=buff4;
                buff4<=buff5;
                buff5<=buff6;
                buff6<=buff7;
                buff7<=buff8;
            end if;
        end if;
end process;
process(Clk)
    begin
        if(Clk'event and Clk='1') then
            if(kflag1='1' and kflag2='0') then
                if(keyr="0111") then
                    case keyc is
                        when "0111"=>buff8<=1;
                        when "1011"=>buff8<=4;
                        when "1101"=>buff8<=7;
                        when "1110"=>buff8<=14;
                        when others=>buff8<=buff8;          --no change
                    end case;
                elsif(keyr="1011") then
                    case keyc is
                        when "0111"=>buff8<=2;
                        when "1011"=>buff8<=5;
                        when "1101"=>buff8<=8;
```

```vhdl
                when "1110"=>buff8<=0;
                when others=>buff8<=buff8;          --no change
            end case;
        elsif(keyr="1101") then
            case keyc is
                when "1110"=>buff8<=15;
                when "1101"=>buff8<=9;
                when "1011"=>buff8<=6;
                when "0111"=>buff8<=3;
                when others=>buff8<=buff8;          --no change
            end case;
        elsif(keyr="1110") then
            case keyc is
                when "1110"=>buff8<=13;
                when "1101"=>buff8<=12;
                when "1011"=>buff8<=11;
                when "0111"=>buff8<=10;
                when others=>buff8<=buff8;          --no change
            end case;
        end if;
      end if;
    end if;
end process;
process(dcount)
  begin
    case (dcount) is
      when "000"=>Disp_Temp<=buff1;          --'-'
      when "001"=>Disp_Temp<=buff2;
      when "010"=>Disp_Temp<=buff3;
      when "011"=>Disp_Temp<=buff4;
      when "100"=>Disp_Temp<=buff5;
      when "101"=>Disp_Temp<=buff6;
      when "110"=>Disp_Temp<=buff7;
      when "111"=>Disp_Temp<=buff8;        --'1'
    end case;
end process;

process(Clk)
  begin
```

```vhdl
        if(Clk'event and Clk='1') then
            dcount<=dcount+1;
            a<=Disp_Decode(0);
            b<=Disp_Decode(1);
            c<=Disp_Decode(2);
            d<=Disp_Decode(3);
            e<=Disp_Decode(4);
            f<=Disp_Decode(5);
            g<=Disp_Decode(6);
            sa<=dcount(0);
            sb<=dcount(1);
            sc<=dcount(2);

        end if;
    end process;
    process(Disp_Temp)
      begin
        case Disp_Temp is
            when 0=>Disp_Decode<="0111111";     --'0'
            when 1=>Disp_Decode<="0000110";     --'1'
            when 2=>Disp_Decode<="1011011";     --'2'
            when 3=>Disp_Decode<="1001111";     --'3'
            when 4=>Disp_Decode<="1100110";     --'4'
            when 5=>Disp_Decode<="1101101";     --'5'
            when 6=>Disp_Decode<="1111101";     --'6'
            when 7=>Disp_Decode<="0000111";     --'7'
            when 8=>Disp_Decode<="1111111";     --'8'
            when 9=>Disp_Decode<="1101111";     --'9'
            when 10=>Disp_Decode<="1110111";    --'A'
            when 11=>Disp_Decode<="1111100";    --'b'
            when 12=>Disp_Decode<="0111001";    --'C'
            when 13=>Disp_Decode<="1011110";    --'d'
            when 14=>Disp_Decode<="1111001";    --'E'
            when 15=>Disp_Decode<="1110001";    --'-'
            when others=>Disp_Decode<="0000000";
        end case;
    end process;

end behave;
```

5.11　16×16 点阵显示实验

5.11.1　实验目的

（1）了解点阵字符的产生和显示原理，以及 16×16 点阵的工作原理。

（2）掌握 FPGA 对 75HC595 芯片的控制原理。

5.11.2　实验原理

本实验主要完成汉字字符在 LED 上的显示，16×16 扫描 LED 点阵的工作原理与 8 位扫描数码管类似，只是显示的方式与结果不同。下面就本实验系统的 16×16 点阵的工作原理做一些简单的说明。

16×16 点阵由此 256 个 LED 通过排列组合，形成 16 行×16 列的一个矩阵式的 LED 阵列，俗称 16×16 点阵。单个的 LED 的电路如图 5-15 所示。

$$R_n \longrightarrow\!\!\!\!| C_n$$

图 5-15　单个 LED 电路图

由 5-13 图可知，对于单个 LED 的电路图当 R_n 输入一个高电平，同时 C_n 输入一个低电平时，电路形成一个回路，LED 发光。也就是 LED 点阵对应的这个点被点亮。16×16 点阵也就是由 16 行和 16 列的 LED 组成，其中每一行的 16 个 LED 的 R 端并联在一起，每一列的 16 个 LED 的 C 端并联在一起。通过给 R_n 输入一个高电平，也就相当于给这一列所有 LED 输入了一个高电平，这时只要给某个 LED 的 C_n 端输入一个低电平时，对应的 LED 就会被点亮。具体的电路如下图 5-16 所示：

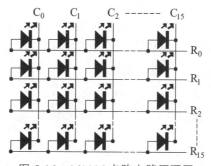

图 5-16　16×16 点阵电路原理图

在点阵上显示某个字符是根据这个字符在点阵上对应的点的亮灭来表示的，如图 5-17 所示。

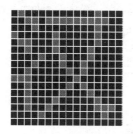

图 5-17　字符在点阵上的显示

在图 5-17 中，显示的是一个"汉"字，只要将被"汉"字所覆盖的区域的点点亮，则在点阵中就会显示一个"汉"字。

当我们选中第一列后，将要显示汉字的第一列中所需要被点亮的点对应的 Rn 置为高电平，则在第一列中需要被点亮的点就会被点亮。依此类推，显示第二列、第三列……第 n 列中需要被点亮的点。然后根据人眼的视觉原理，将每一列显示的点的间隔时间设为一定的值，那么我们就会感觉显示了一个完整的不闪烁的汉字。同时也可以按照这个原理来显示其他汉字。图 5-18 是一个汉字显示所需要的时序图。

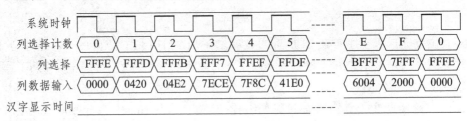

图 5-18　显示时序图

图 5-18 中，在系统时钟的作用下，首先选取其中的一列，将数据输入，让这列的 LED 显示其数据（当为高电平时 LED 发光，否则不发光）。然后选取下一列，显示下一列的数据。当完成一个 16×16 点阵的数据输入时，即列选择计数到最后一列后，再从第一列开始输入相同的数据。这样只要第一次显示第一列数据和第二次显示第一列数据的间隔时间足够短，人的眼睛就会认为第一列的数据一直是显示着的，没有闪烁现象。其他列也是同样的道理，直到显示下一个汉字。

在实际的运用中，一个汉字是由多个 8 位的数据构成的，那么要显示多个汉字的时候，这些数据可以根据一定的规则存放到存储器中，当要显示这个汉字的时候只要将存储器中对应的数据取出显示即可。

本实验箱一共有 4 片 8×8 双色点阵，构成一片 16×16 的双色点阵阵列，采用六片 74HC595 作为控制器，相关电路原理图可参考 ALTERA 公司的网站，74HC595 电路结构如图 5-19 所示。

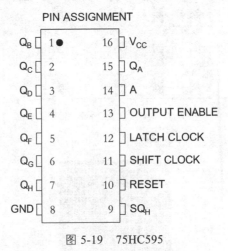

PIN ASSIGNMENT

Q$_B$	1●	16 V$_{CC}$
Q$_C$	2	15 Q$_A$
Q$_D$	3	14 A
Q$_E$	4	13 OUTPUT ENABLE
Q$_F$	5	12 LATCH CLOCK
Q$_G$	6	11 SHIFT CLOCK
Q$_H$	7	10 RESET
GND	8	9 SQ$_H$

图 5-19　75HC595

74HC595 是串行转并行的芯片，可以多级级联，输入需要 3 个端口：

（1）DS（SER）串行数据输入端。

（2）SH（SRCLK）串行时钟输入端。

（3）ST（RCLK）（LATCH）锁存端。

写入数据原理：SRCLK 输入时钟信号，为输入数据提供时间基准，跟随时钟信号输入对应的数据信号，输入全部完毕后，控制锁存端，把串行输入的数据锁存到输出端并保持不变。更多参数请参考器件数据手册。

5.11.3　实验内容

本实验要求完成的任务是通过编程实现对 16×16 点阵的控制。在点阵上显示汉字"百"。

16×16 点阵的电路原理在前面已经做了详尽的说明。在此实验中，16×16 点阵由 4 个 8×8 点阵组成。与 FPGA 的管脚连接如表 5-17 所示。

表 5-17　16×16 点阵与 FPGA 的管脚连接表

信号名称	对应 FPGA 管脚名	说　　明
R_RCK	PIN_P25	75HC595 芯片 RCK 引脚
R_SI	PIN_P26	75HC595 芯片 SI 引脚
R_SCK	PIN_P28	75HC595 芯片 SCK 引脚
G_RCK	PIN_L28	75HC595 芯片 RCK 引脚
G_SI	PIN_L25	75HC595 芯片 SI 引脚
G_SCK	PIN_L27	75HC595 芯片 SCK 引脚
COM1_RCK	PIN_J22	75HC595 芯片 RCK 引脚
COM1_SI	PIN_J19	75HC595 芯片 SI 引脚
COM1_SCK	PIN_J23	75HC595 芯片 SCK 引脚
COM2_RCK	PIN_N26	75HC595 芯片 RCK 引脚
COM2_SI	PIN_P27	75HC595 芯片 SI 引脚
COM2_SCK	PIN_N25	75HC595 芯片 SCK 引脚
COM3_RCK	PIN_M25	75HC595 芯片 RCK 引脚
COM3_SI	PIN_M28	75HC595 芯片 SI 引脚
COM3_SCK	PIN_M26	75HC595 芯片 SCK 引脚
COM4_RCK	PIN_M23	75HC595 芯片 RCK 引脚
COM4_SI	PIN_M27	75HC595 芯片 SI 引脚
COM4_SCK	PIN_M21	75HC595 芯片 SCK 引脚

5.11.4　实验步骤

（1）打开 QUARTUSII 软件，新建一个工程。

（2）新建完工程之后，再新建一个 VHDL 文件，打开 VHDL 编辑器对话框。按照实验原理和自己的想法，在 VHDL 编辑窗口编写 VHDL 程序，用户可参照 ALTERA 公司网站上提供的示例程序。

（3）编写完 VHDL 程序后，保存文件。

（4）对编写的 VHDL 程序进行编译，对程序的错误进行修改。

（5）编译无误后，参照附录或表 5-17 进行管脚分配。分配完成后，再进行一次全编译，以使管脚分配生效。

（6）用下载电缆通过 JTAG 口将对应的.sof 文件加载到 FPGA 中。观察实验结果是否与自己的编程思想一致。

5.11.5　实验结果与现象

以设计的参考示例为例，当设计文件加载到目标器件后，将数字信号源模块的时钟设置为 24 MHz，在点阵模块显示汉字"百"。

5.11.6　实验报告

（1）在这个程序的基础上试写出其他汉字的显示程序并在点阵上显示出来。

（2）思考怎样让汉字旋转和左右移动。

（3）试利用 FPGA 的 ROM 将显示数据存入 ROM，然后再调用的形式编写程序。

5.11.7　主程序

```vhdl
library ieee;
use ieee.std_logic_1164.all;
use ieee.std_logic_arith.all;
use ieee.std_logic_unsigned.all;

entity dot_matrix is
    port
    (
            clkin:in std_logic;

            reset:in std_logic;
            si1:out std_logic;
            sck1:out std_logic;
            rck1:out std_logic;

            si2:out std_logic;
            sck2:out std_logic;
            rck2:out std_logic;

            si3:out std_logic;
            sck3:out std_logic;
            rck3:out std_logic;
```

```
            si4:out std_logic;
            sck4:out std_logic;
            rck4:out std_logic;

            sir:out std_logic;
            sckr:out std_logic;
            rckr:out std_logic;

            sig:out std_logic;
            sckg:out std_logic;
            rckg:out std_logic
    );
end entity;

architecture behave of dot_matrix is
type data is array(7 downto 0) of std_logic;
signal red:data:=('1','1','1','1','1','1','1','1');
signal green:data:=('1','1','1','1','1','1','1','1');
signal sel1:data:=('0','0','0','0','0','0','0','0');
signal sel2:data:=('0','0','0','0','0','0','0','0');
signal sel3:data:=('0','0','0','0','0','0','0','0');
signal sel4:data:=('0','0','0','0','0','0','0','0');
signal cnt:integer range 0 to 30:=0;
signal cnt1:integer range 0 to 30:=0;
signal cnt2:integer range 0 to 30:=0;
signal cnt3:integer range 0 to 30:=0;
signal cnt4:integer range 0 to 30:=0;
signal cnt5:integer range 0 to 30:=0;
signal cnt0:integer range 0 to 40:=0;

signal clk1:std_logic;
signal clk2:std_logic;

component gen_div is
    generic(div_param:integer:=12);
    port
    (
        clk:in std_logic;
        bclk:out std_logic;
```

```vhdl
                resetb:in std_logic
        );
end component;

begin

gen_1us:gen_div generic map(24)--
                        port map
                (
                        clk=>clkin,
                         bclk=>clk1,
                         resetb=>reset
                        );
gen_1ms:gen_div generic map(1536)--
                        port map
                (
                        clk=>clkin,
                         bclk=>clk2,
                         resetb=>reset
                        );
```


```vhdl
p0:process(clk2,reset)
begin
     if rising_edge(clk2) then
          case cnt0 is
               when 0 => sel1
<=('0','0','0','0','0','0','0','1');green<=('1','1','1','1','1','1','1','1');red<=('1','1','1','1','1','1','1','1');
               when 1 => sel1
<=('0','0','0','0','0','0','1','0');green<=('0','0','0','0','0','0','0','0');red<=('0','0','0','0','0','0','0','0');
               when 2 => sel1
<=('0','0','0','0','0','1','0','0');green<=('0','1','1','1','1','1','1','1');red<=('0','1','1','1','1','1','1','1');
               when 3 => sel1
<=('0','0','0','0','1','0','0','0');green<=('1','0','1','1','1','1','1','1');red<=('1','0','1','1','1','1','1','1');
               when 4 => sel1
<=('0','0','0','1','0','0','0','0');green<=('1','1','0','1','1','1','1','1');red<=('1','1','0','1','1','1','1','1');
               when 5 => sel1
<=('0','0','1','0','0','0','0','0');green<=('0','0','0','0','0','0','1','1');red<=('0','0','0','0','0','0','1','1');
               when 6 => sel1
```

```
            <=('0','1','0','0','0','0','0','0');green<=('1','1','1','1','1','0','1','1');red<=('1','1','1','1','1','0','1','1');
                when 7 => sel1
            <=('1','0','0','0','0','0','0','0');green<=('1','1','1','1','1','0','1','1');red<=('1','1','1','1','1','0','1','1');
                when 8 => sel1
            <=('0','0','0','0','0','0','0','0');green<=('1','1','1','1','1','1','1','1');red<=('1','1','1','1','1','1','1','1');
                when 9 => sel2
            <=('0','0','0','0','0','0','0','1');green<=('1','1','1','1','1','1','1','1');red<=('1','1','1','1','1','1','1','1');
                when 10=> sel2
            <=('0','0','0','0','0','0','1','0');green<=('1','0','0','0','0','0','0','0');red<=('1','0','0','0','0','0','0','0');
                when 11=> sel2
            <=('0','0','0','0','0','1','0','0');green<=('1','1','1','1','1','1','1','1');red<=('1','1','1','1','1','1','1','1');
                when 12=> sel2
            <=('0','0','0','0','1','0','0','0');green<=('1','1','1','1','1','1','1','1');red<=('1','1','1','1','1','1','1','1');
                when 13=> sel2
            <=('0','0','0','1','0','0','0','0');green<=('1','1','1','1','1','1','1','1');red<=('1','1','1','1','1','1','1','1');
                when 14=> sel2
            <=('0','0','1','0','0','0','0','0');green<=('1','1','1','0','0','0','0','0');red<=('1','1','1','0','0','0','0','0');
                when 15=> sel2
            <=('0','1','0','0','0','0','0','0');green<=('1','1','1','0','1','1','1','1');red<=('1','1','1','0','1','1','1','1');
                when 16=> sel2
            <=('1','0','0','0','0','0','0','0');green<=('1','1','1','0','1','1','1','1');red<=('1','1','1','0','1','1','1','1');
                when 17=> sel2
            <=('0','0','0','0','0','0','0','0');green<=('1','1','1','1','1','1','1','1');red<=('1','1','1','1','1','1','1','1');
                when 18=> sel3
            <=('0','0','0','0','0','0','0','1');green<=('1','1','1','0','1','1','1','1');red<=('1','1','1','0','1','1','1','1');
                when 19=> sel3
            <=('0','0','0','0','0','0','1','0');green<=('1','1','1','0','0','0','0','0');red<=('1','1','1','0','0','0','0','0');
                when 20=> sel3
            <=('0','0','0','0','0','1','0','0');green<=('1','1','1','0','1','1','1','1');red<=('1','1','1','0','1','1','1','1');
                when 21=> sel3
            <=('0','0','0','0','1','0','0','0');green<=('1','1','1','0','1','1','1','1');red<=('1','1','1','0','1','1','1','1');
                when 22=> sel3
            <=('0','0','0','1','0','0','0','0');green<=('1','1','1','0','1','1','1','1');red<=('1','1','1','0','1','1','1','1');
                when 23=> sel3
            <=('0','0','1','0','0','0','0','0');green<=('1','1','1','0','1','1','1','1');red<=('1','1','1','0','1','1','1','1');
                when 24=> sel3
            <=('0','1','0','0','0','0','0','0');green<=('1','1','1','0','0','0','0','0');red<=('1','1','1','0','0','0','0','0');
                when 25=> sel3
            <=('1','0','0','0','0','0','0','0');green<=('1','1','1','0','1','1','1','1');red<=('1','1','1','0','1','1','1','1');
```

```
              when 26=> sel3
<=('0','0','0','0','0','0','0','0');green<=('1','1','1','1','1','1','1','1');red<=('1','1','1','1','1','1','1','1');
              when 27=> sel4
<=('0','0','0','0','0','0','0','1');green<=('1','1','1','1','1','0','1','1');red<=('1','1','1','1','1','0','1','1');
              when 28=> sel4
<=('0','0','0','0','0','0','1','0');green<=('0','0','0','0','0','0','1','1');red<=('0','0','0','0','0','0','1','1');
              when 29=> sel4
<=('0','0','0','0','0','1','0','0');green<=('1','1','1','1','1','0','1','1');red<=('1','1','1','1','1','0','1','1');
              when 30=> sel4
<=('0','0','0','0','1','0','0','0');green<=('1','1','1','1','1','0','1','1');red<=('1','1','1','1','1','0','1','1');
              when 31=> sel4
<=('0','0','0','1','0','0','0','0');green<=('1','1','1','1','1','0','1','1');red<=('1','1','1','1','1','0','1','1');
              when 32=> sel4
<=('0','0','1','0','0','0','0','0');green<=('1','1','1','1','1','0','1','1');red<=('1','1','1','1','1','0','1','1');
              when 33=> sel4
<=('0','1','0','0','0','0','0','0');green<=('0','0','0','0','0','0','1','1');red<=('0','0','0','0','0','0','1','1');
              when 34=> sel4
<=('1','0','0','0','0','0','0','0');green<=('1','1','1','1','1','0','1','1');red<=('1','1','1','1','1','0','1','1');
              when 35=> sel4
<=('0','0','0','0','0','0','0','0');green<=('1','1','1','1','1','1','1','1');red<=('1','1','1','1','1','1','1','1');
                 when others=>null;
           end case;
           cnt0<=cnt0+1;
       end if;
end process;
--------------------------------------------------------------------------------------------
----------------------
p1:process(clk1,reset)
begin
       if rising_edge(clk1) then
            if cnt>27 then
                  cnt<=0;
            end if;
            if cnt<1 then
                  sckg<='0';
                  rckg<='0';
            elsif
                  cnt<2 then
                  sig<=green(0);--
```

```
elsif
    cnt<3 then
    sckg<='1';

elsif
    cnt<4 then
    sckg<='0';
elsif
    cnt<5 then
    sig<=green(1);--
elsif
    cnt<6 then
    sckg<='1';

elsif
    cnt<7 then
    sckg<='0';
elsif
    cnt<8 then
    sig<=green(2);--
elsif
    cnt<9 then
    sckg<='1';

elsif
    cnt<10 then
    sckg<='0';
elsif
    cnt<11 then
    sig<=green(3);--
elsif
    cnt<12 then
    sckg<='1';

elsif
    cnt<13 then
    sckg<='0';
elsif
    cnt<14 then
```

```
              sig<=green(4);--
      elsif
          cnt<15 then
          sckg<='1';

      elsif
          cnt<16 then
          sckg<='0';
      elsif
          cnt<17 then
          sig<=green(5);--
      elsif
          cnt<18 then
          sckg<='1';

      elsif
          cnt<19 then
          sckg<='0';
      elsif
          cnt<20 then
          sig<=green(6);--
      elsif
          cnt<21 then
          sckg<='1';

      elsif
          cnt<22 then
          sckg<='0';
      elsif
          cnt<23 then
          sig<=green(7);--
      elsif
          cnt<24 then
          sckg<='1';
      elsif
          cnt<25 then
          rckg<='1';
      elsif
          cnt<26 then
```

```vhdl
                    rckg<='0';
            end if;

                cnt<=cnt+1;
        end if;
end process;
-------------------------------------------------
p2:process(clk1,reset)
begin
        if rising_edge(clk1) then
                if cnt2>27 then
                        cnt2<=0;
                end if;
                if cnt2<1 then
                        sckr<='0';
                        rckr<='0';
                elsif
                        cnt2<2 then
                        sir<=red(0);--
                elsif
                        cnt2<3 then
                        sckr<='1';

                elsif
                        cnt2<4 then
                        sckr<='0';
                elsif
                        cnt2<5 then
                        sir<=red(1);--
                elsif
                        cnt2<6 then
                        sckr<='1';

                elsif
                        cnt2<7 then
                        sckr<='0';
                elsif
                        cnt2<8 then
                        sir<=red(2);--
```

```
        elsif
            cnt2<9 then
            sckr<='1';

        elsif
            cnt2<10 then
            sckr<='0';
        elsif
            cnt2<11 then
            sir<=red(3);--
        elsif
            cnt2<12 then
            sckr<='1';

        elsif
            cnt2<13 then
            sckr<='0';
        elsif
            cnt2<14 then
            sir<=red(4);--
        elsif
            cnt2<15 then
            sckr<='1';

        elsif
            cnt2<16 then
            sckr<='0';
        elsif
            cnt2<17 then
            sir<=red(5);--
        elsif
            cnt2<18 then
            sckr<='1';

        elsif
            cnt2<19 then
            sckr<='0';
        elsif
            cnt2<20 then
```

```vhdl
                sir<=red(6);--
        elsif
            cnt2<21 then
            sckr<='1';


        elsif
            cnt2<22 then
            sckr<='0';
        elsif
            cnt2<23 then
            sir<=red(7);--
        elsif
            cnt2<24 then
            sckr<='1';
        elsif
            cnt2<25 then
            rckr<='1';
        elsif
            cnt2<26 then
            rckr<='0';
        end if;


        cnt2<=cnt2+1;
    end if;
end process;
------------------------------------------------
p3:process(clk1,reset)
begin
    if rising_edge(clk1) then
        if cnt1>27 then
            cnt1<=0;
        end if;
        if cnt1<1 then
            sck1<='0';
            rck1<='0';
        elsif
            cnt1<2 then
            si1<=sel1(0);--
        elsif
```

```
                cnt1<3 then
                sck1<='1';

        elsif
                cnt1<4 then
                sck1<='0';
        elsif
                cnt1<5 then
                si1<=sel1(1);--
        elsif
                cnt1<6 then
                sck1<='1';

        elsif
                cnt1<7 then
                sck1<='0';
        elsif
                cnt1<8 then
                si1<=sel1(2);--
        elsif
                cnt1<9 then
                sck1<='1';

        elsif
                cnt1<10 then
                sck1<='0';
        elsif
                cnt1<11 then
                si1<=sel1(3);--
        elsif
                cnt1<12 then
                sck1<='1';

        elsif
                cnt1<13 then
                sck1<='0';
        elsif
                cnt1<14 then
                si1<=sel1(4);--
```

```
elsif
    cnt1<15 then
    sck1<='1';

elsif
    cnt1<16 then
    sck1<='0';
elsif
    cnt1<17 then
    si1<=sel1(5);--
elsif
    cnt1<18 then
    sck1<='1';

elsif
    cnt1<19 then
    sck1<='0';
elsif
    cnt1<20 then
    si1<=sel1(6);--
elsif
    cnt1<21 then
    sck1<='1';

elsif
    cnt1<22 then
    sck1<='0';
elsif
    cnt1<23 then
    si1<=sel1(7);--
elsif
    cnt1<24 then
    sck1<='1';
elsif
    cnt1<25 then
    rck1<='1';
elsif
    cnt1<26 then
    rck1<='0';
```

```
              end if;

              cnt1<=cnt1+1;
        end if;
    end process;
-------------------------------------------
p4:process(clk1,reset)
begin
        if rising_edge(clk1) then
                if cnt3>27 then
                        cnt3<=0;
                end if;
                if cnt3<1 then
                        sck2<='0';
                        rck2<='0';
                elsif
                        cnt3<2 then
                        si2<=sel2(0);--
                elsif
                        cnt3<3 then
                        sck2<='1';

                elsif
                        cnt3<4 then
                        sck2<='0';
                elsif
                        cnt3<5 then
                        si2<=sel2(1);--
                elsif
                        cnt3<6 then
                        sck2<='1';

                elsif
                        cnt3<7 then
                        sck2<='0';
                elsif
                        cnt3<8 then
                        si2<=sel2(2);--
                elsif
```

```
        cnt3<9 then
        sck2<='1';


elsif
        cnt3<10 then
        sck2<='0';
elsif
        cnt3<11 then
        si2<=sel2(3);--
elsif
        cnt3<12 then
        sck2<='1';


elsif
        cnt3<13 then
        sck2<='0';
elsif
        cnt3<14 then
        si2<=sel2(4);--
elsif
        cnt3<15 then
        sck2<='1';


elsif
        cnt3<16 then
        sck2<='0';
elsif
        cnt3<17 then
        si2<=sel2(5);--
elsif
        cnt3<18 then
        sck2<='1';


elsif
        cnt3<19 then
        sck2<='0';
elsif
        cnt3<20 then
        si2<=sel2(6);--
```

```
            elsif
                cnt3<21 then
                sck2<='1';


            elsif
                cnt3<22 then
                sck2<='0';
            elsif
                cnt3<23 then
                si2<=sel2(7);--
            elsif
                cnt3<24 then
                sck2<='1';
            elsif
                cnt3<25 then
                rck2<='1';
            elsif
                cnt3<26 then
                rck2<='0';
            end if;


            cnt3<=cnt3+1;
        end if;
end process;
------------------------------------------
p5:process(clk1,reset)
begin
        if rising_edge(clk1) then
            if cnt4>27 then
                cnt4<=0;
            end if;
            if cnt4<1 then
                sck3<='0';
                rck3<='0';
            elsif
                cnt4<2 then
                si3<=sel3(0);--
            elsif
                cnt4<3 then
```

```
            sck3<='1';

    elsif
        cnt4<4 then
        sck3<='0';
    elsif
        cnt4<5 then
        si3<=sel3(1);--
    elsif
        cnt4<6 then
        sck3<='1';

    elsif
        cnt4<7 then
        sck3<='0';
    elsif
        cnt4<8 then
        si3<=sel3(2);--
    elsif
        cnt4<9 then
        sck3<='1';

    elsif
        cnt4<10 then
        sck3<='0';
    elsif
        cnt4<11 then
        si3<=sel3(3);--
    elsif
        cnt4<12 then
        sck3<='1';

    elsif
        cnt4<13 then
        sck3<='0';
    elsif
        cnt4<14 then
        si3<=sel3(4);--
    elsif
```

```
        cnt4<15 then
        sck3<='1';


    elsif
        cnt4<16 then
        sck3<='0';
    elsif
        cnt4<17 then
        si3<=sel3(5);--
    elsif
        cnt4<18 then
        sck3<='1';


    elsif
        cnt4<19 then
        sck3<='0';
    elsif
        cnt4<20 then
        si3<=sel3(6);--
    elsif
        cnt4<21 then
        sck3<='1';


    elsif
        cnt4<22 then
        sck3<='0';
    elsif
        cnt4<23 then
        si3<=sel3(7);--
    elsif
        cnt4<24 then
        sck3<='1';
    elsif
        cnt4<25 then
        rck3<='1';
    elsif
        cnt4<26 then
        rck3<='0';
    end if;
```

```vhdl
            cnt4<=cnt4+1;
        end if;
end process;
------------------------------------------------
p6:process(clk1,reset)
begin
        if rising_edge(clk1) then
            if cnt5>27 then
                    cnt5<=0;
            end if;
            if cnt5<1 then
                    sck4<='0';
                    rck4<='0';
            elsif
                    cnt5<2 then
                    si4<=sel4(0);--
            elsif
                    cnt5<3 then
                    sck4<='1';

            elsif
                    cnt5<4 then
                    sck4<='0';
            elsif
                    cnt5<5 then
                    si4<=sel4(1);--
            elsif
                    cnt5<6 then
                    sck4<='1';

            elsif
                    cnt5<7 then
                    sck4<='0';
            elsif
                    cnt5<8 then
                    si4<=sel4(2);--
            elsif
                    cnt5<9 then
```

```
        sck4<='1';

elsif
        cnt5<10 then
        sck4<='0';
elsif
        cnt5<11 then
        si4<=sel4(3);--
elsif
        cnt5<12 then
        sck4<='1';

elsif
        cnt5<13 then
        sck4<='0';
elsif
        cnt5<14 then
        si4<=sel4(4);--
elsif
        cnt5<15 then
        sck4<='1';

elsif
        cnt5<16 then
        sck4<='0';
elsif
        cnt5<17 then
        si4<=sel4(5);--
elsif
        cnt5<18 then
        sck4<='1';

elsif
        cnt5<19 then
        sck4<='0';
elsif
        cnt5<20 then
        si4<=sel4(6);--
```

```vhdl
        elsif
            cnt5<21 then
            sck4<='1';

        elsif
            cnt5<22 then
            sck4<='0';
        elsif
            cnt5<23 then
            si4<=sel4(7);--
        elsif
            cnt5<24 then
            sck4<='1';
        elsif
            cnt5<25 then
            rck4<='1';
        elsif
            cnt5<26 then
            rck4<='0';
        end if;

        cnt5<=cnt5+1;
    end if;
end process;
--------------------------------------
end behave;
```

```vhdl
library ieee;
use ieee.std_logic_1164.all;
use ieee.std_logic_arith.all;
use ieee.std_logic_unsigned.all;

entity   gen_div is
    generic(div_param:integer:=1);
    port
    (
        clk:in std_logic;
```

```vhdl
            bclk:out std_logic;
            resetb:in std_logic
    );
end gen_div;

architecture behave of gen_div is
signal tmp:std_logic;
signal cnt:integer range 0 to div_param:=0;
begin
----------------------------
    process(clk,resetb)
    begin
        if resetb='0' then
            cnt<=0;
            tmp<='0';
        elsif rising_edge(clk) then
            cnt<=cnt+1;
            if cnt=div_param-1 then
                tmp<=not tmp;
                cnt<=0;
            end if;
        end if;
    end process;
    bclk<=tmp;
--------------------------------
end behave;
```

5.12 直流电机测速实验

5.12.1 实验目的

（1）掌握直流电机的工作原理。
（2）了解开关型霍尔传感器的工作原理和使用方法。
（3）掌握电机测速的原理。

5.12.2 实验原理

直流电机是我们生活当中常用的一种电子设备。其内部结构下图 5-20 所示。

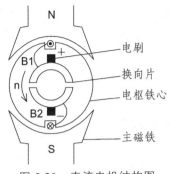

图 5-20　直流电机结构图

下面就图 5-20 来说明直流电机的工作原理。将直流电源通过电刷接通电枢绕组，使电枢导体有电流流过，由于电磁作用，电枢导体会产生磁场。同时，产生的磁场与主磁极的磁场产生电磁力，这个电磁力作用于转子，使转子以一定的速度开始旋转。这样电机就开始工作了。

为了能够测定出在单位时间内电机转子旋转了多少个周期，我们在电机的外部电路中加入了一个开关型的霍尔元件（44E），同时在电子转子上的转盘上加入了一个能够使霍尔原件产生输出的带有磁场的磁钢片。当电机旋转时，带动转盘使得磁钢片一起旋转，当磁钢片旋转到霍尔器件的上方时，将导致霍尔器件的输出端高电平变为低电平。当磁钢片转过霍尔器件上方后，霍尔器件的输出端又恢复高电平输出。这样电机每旋转一周，就会使霍尔器件的输出端产生一个低脉冲，我们就可以通过检测单位时间内霍尔器件输出端低脉冲的个数来推算出直流电机在单位时间内的转速。直流电机和开关型霍尔器件的电路原理如图 5-21 所示。

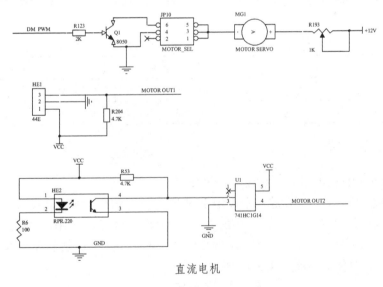

直流电机

图 5-21　直流电机、霍尔器件电路图

电机的转速通常是指每分钟电机的转速，单位符号为 rpm。实际测量过程中，为了减少转速刷新的时间，通常都是 5 ~ 10 s 刷新一次。如果每 6 s 刷新一次，那么相当于只记录了 6 s 内的电机转数，把记录的数据乘 10 即得到一分钟的转速。最后将这个数据在数码管上显示出来。

最后显示的数据因为是将测量数据乘以 10 得到的，也就是需要在个位数据的后面加上一位数，这一位数将一直为 0。如：45×10 变为 450，即在"45"个位后加了一位"0"。由此可知，电机转速的误差将在 20 以内。为了能够使数据在数码管稳定显示，在数据输出时加入了一个 16 位锁存器，然后把锁存的数据送给数码管显示，这样在计数过程中，虽然数据在变化但数码管的显示不会变化。

5.12.3　实验内容

本实验要求完成的任务是通过编程实现电机转数读取，并在数码管上显示。其读取数据和显示数据的时序关系如图 5-22 所示。

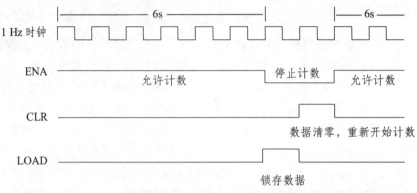

图 15-22　实验控制信号时序图

在此实验中，数码管与 FPGA 的连接电路和管脚连接在以前的实验中都做了详细说明，这里不再赘述。直流电机和霍尔器件的电路原理如图 5-20 所示。与 FPGA 的管脚连接如表 5-18 所示。

表 5-18　流电机、霍尔器件与 FPGA 的管脚连接表

信号名称	对应 FPGA 管脚名	说明
PWM	PIN_L8	PWM 信号输入至直流电机
MOTOR-OUT	PIN_M2	霍尔器尔器件输出至 FPGA

5.12.4　实验步骤

（1）打开 QUARTUSII 软件，新建一个工程。

（2）新建完工程之后，再新建一个 VHDL 文件，打开 VHDL 编辑器对话框。

（3）按照实验原理和自己的想法，在 VHDL 编辑窗口编写 VHDL 程序，用户可参照 ALTERA 公司网站上提供的示例程序。示例程序共提供 4 个 VHDL 源程序。每一个源程序完成一定的功能。其具体的功能如表 5-19 所示。

表 5-19　示例程序功能表

文件名称	完成功能
TELTCL.VHD	在时钟的作用下生成测频的控制信号
CNT10.VHD	十进制计数器，在实验中使用 4 个计数器来进行计数
SEG32B.VHD	16 位锁存器，在锁存控制信号的作用下，将计数的值锁存
DISPLAY.VHDL	显示译码，将锁存的数据显示出来

（4）编写完 VHDL 程序后，保存文件。

（5）将编写的 VHDL 程序进行编译并生成模块符号文件，并对程序的错误进行修改，最终所有程序通过编译并生成模块符号文件。

（6）新建一个图形编辑文件，将已生成的模块符号文件放入其中，并根据要求连接起来。完成后的图形设计文件如图 5-23 所示。

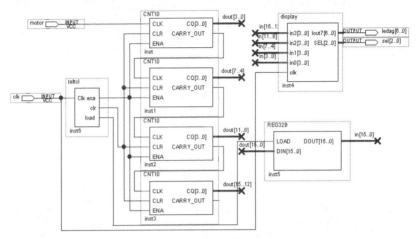

图 5-23　编辑好的图形设计文件

（7）将编辑好的程序进行编译，并对程序的错误进行修改，最终通过编译。

（8）编译无误后，参照附录进行管脚分配。表 5-20 是示例程序的管脚分配表。分配完成后，再进行一次全编译，以使管脚分配生效。

表 5-20　端口管脚分配表

端口名	使用模块信号	对应 FPGA 管脚	说明
CLK	数字信号源	PIN_L20	时钟为 1 MHz
MOTOR	直流电机模块	PIN_M2	44E 脉冲输出
LEDAG0	数码管 A 段	PIN_K28	
LEDAG1	数码管 B 段	PIN_K27	
LEDAG2	数码管 C 段	PIN_K26	
LEDAG3	数码管 D 段	PIN_K25	电机转速显示
LEDAG4	数码管 E 段	PIN_K22	
LEDAG5	数码管 F 段	PIN_K21	
LEDAG6	数码管 G 段	PIN_L23	
SEL0	位选 DEL0	PIN_L22	
SEL1	位选 DEL1	PIN_L24	电机转速显示
SEL2	位选 DEL2	PIN_M24	

（9）用下载电缆通过 JTAG 口将对应的 sof 文件加载到 FPGA 中。观察实验结果是否与自己的编程思想一致。

5.12.5　实验结果与现象

以设计的参考示例为例，当设计文件加载到目标器件后，将数字信号源模块的时钟设置为 1 MHz，将直流电机模块的模式选择为 GND 模式（跳线连接"开"），旋转改变转速的电位器，使直流电机开始旋转。在一定的时间内，数码管上将显示此时直流电机的每分钟转速。通过电位器慢慢增加或者减少直流电机的转动速率，数码管上的数值也会相应地增加或者减少。

5.12.6　实验报告

（1）试编写程序将实验的结果精确到个位。
（2）将实验原理、设计过程、编译结果、硬件测试结果记录下来。

5.12.7　主程序

```
LIBRARY IEEE;
USE IEEE.STD_LOGIC_1164.ALL;
ENTITY REG32B IS
    PORT(LOAD: IN STD_LOGIC;
          DIN: IN STD_LOGIC_VECTOR(15 DOWNTO 0);
          DOUT: OUT STD_LOGIC_VECTOR(15 DOWNTO 0));
END ENTITY REG32B;

ARCHITECTURE ART OF REG32B IS
BEGIN
PROCESS ( LOAD, DIN ) IS
BEGIN
    IF LOAD 'EVENT AND LOAD= '1'
        THEN DOUT<=DIN; --锁存输入数据
    END IF;
END PROCESS;
END    ART;
```

```
library ieee;
use ieee.std_logic_1164.all;
use ieee.std_logic_arith.all;
use ieee.std_logic_unsigned.all;
-----------------------------------------------------------------
entity teltcl is
    port( Clk          :   in     std_logic;    --时钟输入1Mhz
           ena          :   out    std_logic;       --允许计数
```

```vhdl
    clr         :  out    std_logic;      --计数器清零信号产生
    load        :  out    std_logic       --锁存、显示输出允许
    );
end teltcl;
-----------------------------------------------------------------
architecture behave of teltcl is
  signal clk1hz        :std_logic;--1HZ时钟信号
  signal count         : std_logic_vector(2 downto 0);--6秒计数
  signal clr1          :std_logic;--清零信号
  signal ena1          :std_logic;--允许计数信号
  signal load1         :std_logic;--允许计数信号
  signal cq1,cq2,cq3,cq4 : INTEGER RANGE 0 TO 15;--计数数据

begin
  process(clk)      --1HZ信号产生
    variable cnttemp : INTEGER RANGE 0 TO 999999;
  begin
      IF clk='1' AND clk'event THEN
          IF cnttemp=999999 THEN cnttemp:=0;
              ELSE
              IF cnttemp<500000 THEN clk1hz<='1';
                  ELSE clk1hz<='0';
              END IF;
              cnttemp:=cnttemp+1;
            END IF;
       end   if;
  end process;
  process(Clk1hz)--6秒计数
    begin
      if(Clk1hz'event and Clk1hz='1') then
            count<=count+1;
          if   count<6   then
            ena1<='1';load1<='0';clr1<='0';
              elsif   count=6   then
                  load1<='1';ena1<='0';clr1<='0';
                  elsif   count=7   then
                    ena1<='0';load1<='0';clr1<='1';
              end   if;
        end if;
```

```
        ena<=ena1;    load<=load1;clr<=clr1;
    end process;
end behave;
```

```
LIBRARY IEEE;
use ieee.std_logic_1164.all;
use ieee.std_logic_unsigned.all;

entity display is
port(in3,in2,in1,in0:in std_logic_vector(3 downto 0);
    lout7:out std_logic_vector(6 downto 0);
    SEL:OUT STD_LOGIC_VECTOR(2 DOWNTO 0);
    clk:in std_logic
    );
end display;

architecture phtao of display is
signal s:std_logic_vector(2 downto 0);
signal lout4:std_logic_vector(3 downto 0);

begin
process (clk)
begin
if (clk'event and clk='1')then
    if (s="111") then
        s<="000";
    else s<=s+1;
    end if;
end if;
sel<=s;
end process;

process (s)
begin
    case s is
        when "000"=>lout4<="1111";
        when "001"=>lout4<="1111";
```

```
        when "010"=>lout4<=in2;
        when "011"=>lout4<=in1;
        when "100"=>lout4<=in0;
        when "101"=>lout4<="0000";
        when "110"=>lout4<="1111";
        when "111"=>lout4<="1111";
        when others=>lout4<="XXXX";
    end case;

    case lout4 is
        when "0000"=>lout7<="0111111";
        when "0001"=>lout7<="0000110";
        when "0010"=>lout7<="1011011";
        when "0011"=>lout7<="1001111";
        when "0100"=>lout7<="1100110";
        when "0101"=>lout7<="1101101";
        when "0110"=>lout7<="1111101";
        when "0111"=>lout7<="0000111";
        when "1000"=>lout7<="1111111";
        when "1001"=>lout7<="1100111";
        when "1010"=>lout7<="0111111";
        when "1111"=>lout7<="1000000";
        when others=>lout7<="XXXXXXX";
    end case;
end process;

end phtao;
```

5.13　四相步进电机控制实验

5.13.1　实验目的

（1）了解步进电机的工作原理。

（2）掌握用 FPGA 产生驱动步进电机的时序。

（3）掌握用 FPGA 来控制步进电机转动的整个过程。

5.13.2　实验原理

步进电动机是纯粹的数字控制电动机，它将电脉冲信号转变成角位移，即给一个脉冲，步进电机就转一个角度，因此非常适合单片机控制。在非超载的情况下，电机的转速、停止的位置只取决于脉冲信号的频率和脉冲数，而不受负载变化的影响。同时步进电机只有周期性的误差而无累积误差，精度高。

步进电机主要分为反应式类型、励磁式等类型。反应式步进电动机的转子上没有绕组，依靠变化的磁阻生成磁阻转矩工作；励磁式步进电动机的转子上有磁极，依靠电磁转矩工作。反应式步进电动机的应用最为广泛，它有两相、三相、多相之分，也有单段、多段之分。

步进电动机有如下特点：

（1）步进电动机的角位移与输入脉冲数严格成正比。因此，当它转一圈后，没有累计误差，具有良好的跟随性。

（2）由步进电动机与驱动电路组成的开环数控系统，既简单、廉价，又非常可靠。同时，它也可以与角度反馈环组成高性能的闭环数控系统。

（3）步进电动机的动态响应快，易于启停、正反转及变速。

（4）速度可在相当宽的范围内平稳调整，低速下仍能获得较大转矩，因此一般可以不用减速器而直接驱动负载。

（5）步进电机只能通过脉冲电源供电才能运行，不能直接使用交流电源和直流电源。

（6）步进电机有振荡和失步现象，必须对控制系统和机械负载采取相应措施。

步进电机实际上是一个数据/角度转换器，三相步进电机的结构原理如图 5-24 所示。

图 5-24   三相步进电机的结构示意图

从图 5-24 中可以看出，电机的定子有 6 个等分的磁极，A、A′、B、B′、C、C′，相邻的两个磁极之间夹角为 60°，相对的两个磁极组成一组（A—A′，B—B′，C—C′），当某一绕组有电流通过时，该绕组相应的两个磁极形成 N 极和 S 极，每个磁极上各有 5 个均匀分布的矩形小齿，电机的转子上有 40 个矩形小齿均匀地分布在圆周上，相邻两个齿之间夹角为 9°。

（1）当某一相绕组通电时，对应的磁极就产生磁场，并与转子转动一定的角度，使转子和定子的齿相互对齐。由此可见，错齿是促使步进电机旋转的原因。

例如在三相三拍控制方式中，若 A 相通电，B、C 相都不通电，在磁场作用下使转子齿和 A 相的定子齿对齐，我们以此作为初始状态。设与 A 相磁极中心线对齐的转子的齿为 0 号齿，由于 B 相磁极与 A 相磁极相差 120°，不是 9°的整数倍，所以此时转子齿没有与 B 相定子的齿对应，只是第 13 号小齿靠近 B 相磁极的中心线，与中心线相差 3°，如果此时突然变为 B 相通电，A、C 相不通电，则 B 相磁极迫使 13 号转子齿与之对齐，转子就转动 3°，这样使电机转子转动一步。如果按照 A—AB—B—BC—C—CA—A 次序通电则为正转。通常用三相六拍环形脉冲分配器产生步进脉冲。

（2）运转速度的控制。若改变 ABC 三相绕组高低电平的宽度，就会导致通电和断电的变化速率变化，使电机转速改变，所以调节脉冲的周期就可以控制步进电机的运转速度。

（3）旋转的角度控制。因为输入一个 CP 脉冲使步进电机三相绕组状态变化一次，并相应地旋转一个角度，所以步进电机旋转的角度由输入的 CP 脉冲数确定。

本实验箱所使用步进电机为 4 相步进电机，最小旋转角度为 18 度。

图 5-25 是四相六线制步进电机原理图，这类步进电机既可作为四相电机使用，也可作为两相电机使用，使用灵活，因此应用广泛。

四相电机的接法如下：

O+、O–接正电源，–A、+A、–B、+B 的通电顺序有下面基本的三种：

（1）单相励磁两拍：+A ── +B ── –A ── –B 整步.

（2）双相励磁两拍：+A+B ── +B-A ── –A-B ── –B+A 整步。

（3）单-双相励磁四拍：+A ── +A+B ── +B ── +B-A ── –A ── –A-B ── –B ── –B+A 半步。

这里我们选用单双相励磁四拍的顺序。

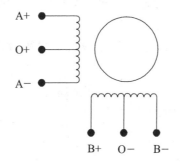

图 5-25　四相六线制步进电机原理图

步进电机有两种工作方式：整步方式和半步方式。以步进角 18°四相混合式步进电机为例，在整步方式下，步进电机每接收一个脉冲，旋转 18°，旋转一周，则需要 200 个脉冲。在半步方式下，步进电机每接收一个脉冲，旋转 9°，旋转一周，则需要 400 个脉冲。控制步进电机旋转必须按一定时序对步进电机引线输入脉冲。其半步工作方式的控制时序如表 5-21 所列。

表 5-21　半步时序表

时序	A+	B-	A-	B+
1	0	0	0	1
2	0	0	1	1
3	0	0	1	0
4	0	1	1	0
5	0	1	0	0
6	1	1	0	0
7	1	0	0	0
8	1	0	0	1

5.13.3　实验内容

本试验的任务是通过编写程序控制步进电机的正转与反转，电机的转速是通过程序中对时钟进行分频实现的。实验中的时钟信号选择时钟模块的 1 kHz 信号，用拨码开关 K1 控制电机的转动与停止，用 K2 控制电机的正转与反转，用 K3 ~ K8 控制电机的转速，电机的时序输出通过四个 LED 灯（D1、D2、D3、D4）显示出来。

5.13.4　实验步骤

（1）打开 QUARTUSII 软件，新建一个工程。

（2）新建完工程之后，再新建一个 VHDL 文件，打开 VHDL 编辑器对话框。

（3）按照实验原理和自己的想法，在 VHDL 编辑窗口编写 VHDL 程序，用户可参照 ALTERA 公司网站上提供的事例程序。

（4）编写完 VHDL 程序后，保存文件。

（5）编译无误后，参照附录进行管脚分配，表 5-22 是示例程序的管脚分配表。分配完成后，再进行一次全编译，以使管脚分配生效。

（6）用下载电缆通过 JTAG 口将对应的.sof 文件加载到 FPGA 中。观察实验结果是否与自己的编程思想一致。

表 5-22　管脚分配表

端口名	使用模块信号	对应 FPGA 管脚	说　明
CLK	数字信号源	PIN_L20	时钟为 1 kHz
KEY_STP	拨码开关	PIN_AD15	控制电机转停
KEY_DIR	拨码开关	PIN_AC15	控制电机正反转
SPEED_IN0	拨码开关	PIN_AB15	
SPEED_IN1	拨码开关	PIN_AA15	
SPEED_IN2	拨码开关	PIN_Y15	控制电机速度
SPEED_IN3	拨码开关	PIN_AA14	
SPEED_IN4	拨码开关	PIN_AF14	
SPEED_IN5	拨码开关	PIN_AE14	
DRV_OUT0	电机	PIN_L3	
DRV_OUT1	电机	PIN_L5	输出电机时序
DRV_OUT2	电机	PIN_L6	
DRV_OUT3	电机	PIN_L7	
LED_OUT0	LED 显示	PIN_N4	
LED_OUT1	LED 显示	PIN_N8	电机时序显示
LED_OUT2	LED 显示	PIN_M9	
LED_OUT3	LED 显示	PIN_N3	

（7）用下载电缆通过 JTAG 口将对应的.sof 文件加载到 FPGA 中。观察实验结果是否与自己的编程思想一致。

5.13.5　实验结果与现象

以设计的参考事例为例，当设计文件加载到目标器件后，将数字信号源模块的时钟设置为 1 kHz，将控制电机转停的 SW1 拨到 1，通过拨动 SW3 ~ SW8 控制电机转速，同时还可以拨动 SW2 控制电机正转或反转。

5.13.6　实验报告

（1）试编写程序将实验的结果精确到个位。
（2）将实验原理、设计过程、编译结果记录下来。

5.13.7　主程序

```vhdl
library ieee;
use ieee.std_logic_1164.all;
use ieee.std_logic_arith.all;
use ieee.std_logic_unsigned.all;
-------------------------------------------------------------
entity step is
  port( clk                : in      std_logic;                    --Clock input
        key_stp            : in      std_logic;                    --motor stop
        key_dir            : in      std_logic;                    --this key control
the stepmotor rotate clockwise or counterclockwise
        speed_in           : in      std_logic_vector(5 downto 0);    --speed control input
        drv_out            : out     std_logic_vector(3 downto 0);    --stepmotor driver
output
        led_out            : out     std_logic_vector(3 downto 0));
end step;
-------------------------------------------------------------
architecture behave of step is
  signal   div_count       : std_logic_vector(5 downto 0);         --clock divide for speed
controling
  signal   div_set         : std_logic_vector(4 downto 0);         --clock signal used internal
  signal   motor_step      : std_logic_vector(2 downto 0);         --motor step

  begin
    process(clk)                                                   --clock
divide
```

```vhdl
      begin
        if(key_stp='0') then                                    --stop when key_stp is
0
            div_count<="111111";
        elsif(clk'event and clk='1' and key_stp='1') then       --speed contron and F divide
            if(div_count=0) then
                div_count<=speed_in;
            else div_count<=div_count-1;                         --
            end if;
        end if;
      end process;


      process(clk)                                              --8 steps counter
        begin
          if(clk'event and clk='1') then
              if(div_count="000000") then
                    motor_step<=motor_step+1;
              end if;
          end if;
      end process;



      process(clk)
        begin
        --counterclockwise
          if(motor_step="000" and key_dir='1') then             --A+
              drv_out<="0100";
              led_out<="0100";
          elsif(motor_step="001" and key_dir='1') then          --A+B+
              drv_out<="0110";
              led_out<="0110";
          elsif(motor_step="010" and key_dir='1') then          --B+
              drv_out<="0010";
              led_out<="0010";
          elsif(motor_step="011" and key_dir='1') then          --B+A-
              drv_out<="1010";
              led_out<="1010";
          elsif(motor_step="100" and key_dir='1') then          --A-
              drv_out<="1000";
```

```vhdl
                led_out<="1000";
            elsif(motor_step="101" and key_dir='1') then          --A-B-
                drv_out<="1001";
                led_out<="1001";
            elsif(motor_step="110" and key_dir='1') then          --B-
                drv_out<="0001";
                led_out<="0001";
            elsif(motor_step="111" and key_dir='1') then          --B-A+
                drv_out<="0101";
                led_out<="0101";

        --clockwise
            elsif(motor_step="000" and key_dir='0') then          --B-A+
                drv_out<="0101";
                led_out<="0101";
            elsif(motor_step="001" and key_dir='0') then          --B-
                drv_out<="0001";
                led_out<="0001";
            elsif(motor_step="010" and key_dir='0') then          --A-B-
                drv_out<="1001";
                led_out<="1001";
            elsif(motor_step="011" and key_dir='0') then          --A-
                drv_out<="1000";
                led_out<="1000";
            elsif(motor_step="100" and key_dir='0') then          --A-B+
                drv_out<="1010";
                led_out<="1010";
            elsif(motor_step="101" and key_dir='0') then          --B+
                drv_out<="0010";
                led_out<="0010";
            elsif(motor_step="110" and key_dir='0') then          --A+B+
                drv_out<="0110";
                led_out<="0110";
            elsif(motor_step="111" and key_dir='0') then          --A+
                drv_out<="0100";
                led_out<="0100";
            end if;
        end process;
end behave;
```

```
--    process(clk)
--      begin
--        if(motor_step="000") then                              --A+
--            drv_out<="0100";
--            led_out<="0100";
--        elsif(motor_step="001") then                           --B+
--            drv_out<="0010";
--            led_out<="0010";
--        elsif(motor_step="010") then                           --B-
--            drv_out<="1000";
--            led_out<="1000";
--        elsif(motor_step="011") then                           --A-
--            drv_out<="0001";
--            led_out<="0001";
--        elsif(motor_step="100") then                           --A+
--            drv_out<="0100";
--            led_out<="0100";
--        elsif(motor_step="101") then                           --B+
--            drv_out<="0010";
--            led_out<="0010";
--        elsif(motor_step="110") then                           --A-
--            drv_out<="1000";
--            led_out<="1000";
--        elsif(motor_step="111") then                           --B-
--            drv_out<="0001";
--            led_out<="0001";
--        end if;
--    end process;
```

--A+

5.14 交通灯控制电路实验

5.14.1 实验目的

（1）了解交通灯的亮灭规律。

（2）了解交通灯控制器的工作原理。

（3）熟悉 VHDL 语言编程，了解实际设计中的优化方案。

5.14.2　实验原理

交通灯的显示有很多方式，如十字路口、丁字路口等的显示，而对于同一个路口又有很多不同的显示要求。比如，在十字路口，车辆如果只能东西和南北方向通行就很简单，而如果车子可以左右转弯通行就比较复杂，本实验仅针对最简单的南北和东西直行的情况。

要完成本实验，首先必须了解交通灯的燃灭规律。本实验需要用到实验箱上交通灯模块中的发光二极管，即红、黄、绿各三个。依人们的交通常规，"红灯停，绿灯行，黄灯提醒"。其交通灯的燃灭规律为：初始态是两个路口的红灯全亮；之后，东西路口的绿灯亮，南北路口的红灯亮，东西方向通车；延时一段时间后，东西路口绿灯灭，黄灯开始闪烁；闪烁若干次后，东西路口红灯亮，而同时南北路口的绿灯亮，南北方向开始通车；延时一段时间后，南北路口的绿灯灭，黄灯开始闪烁；闪烁若干次后，再切换到东西路口方向，重复上述过程。

在实验中使用 8 个数码管中的任意两个数码管显示时间。东西方向和南北方向的通车时间均设定为 20 s。数码管的时间总是显示为 19，18，17……2，1，0，19，18……。在显示时间小于 3 s 的时候，通车方向的黄灯闪烁。

5.14.3　实验内容

本实验要完成的任务是设计一个简单的交通灯控制器，交通灯显示用实验箱的交通灯模块和数码管中的任意两个来实现。系统时钟选择时钟模块的 1 kHz 时钟，黄灯闪烁时钟要求为 2 Hz，数码管的时间显示为 1 Hz 脉冲，即每 1 s 递减一次，在显示时间小于 3 s 的时候，通车方向的黄灯以 2 Hz 的频率闪烁。系统中用 K1 按键进行复位。

交通灯模块原理与 LED 灯模块的电路原理一致，当有高电平输入时 LED 灯就会被点亮，反之不亮。只是 LED 发出的光有颜色之分。其与 FPGA 的管脚连接如表 5-23 所示。

表 5-23　交通灯模块与 FPGA 的管脚连接表

信号名称	对应 FPGA 管脚名	说　明
R1	PIN_AF23	横向红色交通信号 LED 灯
Y1	PIN_V20	横向黄色交通信号 LED 灯
G1	PIN_AG22	横向绿色交通信号 LED 灯
R2	PIN_AE22	纵向红色交通信号 LED 灯
Y2	PIN_AC22	纵向黄色交通信号 LED 灯
G2	PIN_AG21	纵向绿色交通信号 LED 灯

5.14.4　实验步骤

（1）打开 QUARTUSII 软件，新建一个工程。
（2）新建完工程之后，再新建一个 VHDL 文件，打开 VHDL 编辑器对话框。
（3）按照实验原理和自己的想法，在 VHDL 编辑窗口编写 VHDL 程序，用户可参照

ALTERA 公司网站上提供的示例程序。

（4）编写完 VHDL 程序后，保存文件。

（5）对编写的 VHDL 程序进行编译，对程序的错误进行修改。直到完全通过。

（6）编译无误后，依照按键开关、数字信号源、数码管与 FPGA 的管脚连接表或参照附录进行管脚分配。表 5-24 是示例程序的管脚分配表。分配完成后，再进行一次全编译，以使管脚分配生效。

表 5-24　端口管脚分配表

端口名	使用模块信号	对应 FPGA 管脚	说　明
CLK	数字信号源	PIN_L20	时钟为 1 kHz
RST	按键开关 K1	PIN_AC17	复位信号
R1	交通灯模块横向红色	PIN_AF23	交通信号灯
Y1	交通灯模块横向黄色	PIN_V20	
G1	交通灯模块横向绿色	PIN_AG22	
R2	交通灯模块纵向红色	PIN_AE22	
Y2	交通灯模块纵向黄色	PIN_AC22	
G2	交通灯模块纵向绿色	PIN_AG21	
DISPLAY0	数码管 A 段	PIN_K28	通行时间显示
DISPLAY1	数码管 B 段	PIN_K27	
DISPLAY2	数码管 C 段	PIN_K26	
DISPLAY3	数码管 D 段	PIN_K25	
DISPLAY4	数码管 E 段	PIN_K22	
DISPLAY5	数码管 F 段	PIN_K21	
DISPLAY6	数码管 G 段	PIN_L23	
SEG-SEL0	位选 DEL0	PIN_L24	
SEG-SEL1	位选 DEL1	PIN_M24	
SEG-SEL2	位选 DEL2	PIN_L26	

（7）用下载电缆通过 JTAG 口将对应的.sof 文件加载到 FPGA 中。观察实验结果是否与自己的编程思想一致。

5.14.5　实验结果与现象

以设计的参考示例为例，当设计文件加载到目标器件后，将时钟设定为 1 kHz。交通灯模块的红、绿、黄 LED 发光管会模拟实际交通信号灯的变化。此时，数码管上显示通行时间的倒计时。当倒计时到 5 s 时，黄灯开始闪烁。到 0 s 时红绿灯开始转换，倒计时的时间恢复至 20 s。按下按键开关 K1 则从头开始显示和计数。

5.14.6 实验报告

（1）试编写能手动控制交通灯通行时间的交通灯控制器。

（2）将实验原理、设计过程、编译结果、硬件测试结果记录下来。

5.14.7 主程序

```
library ieee;
use ieee.std_logic_1164.all;
use ieee.std_logic_arith.all;
use ieee.std_logic_unsigned.all;
-----------------------------------------------------------------
entity traffic_light is
  port( Clk        : in    std_logic;
        Rst        : in    std_logic;
        R1,R2      : out   std_logic;
        Y1,Y2      : out   std_logic;
        G1,G2      : out   std_logic;
        Display    : out   std_logic_vector(6 downto 0);
        SEG_SEL    : buffer  std_logic_vector(2 downto 0)
        );
end traffic_light;
-----------------------------------------------------------------
architecture behave of traffic_light is
  signal Disp_Temp      : integer range 0 to 15;
  signal Disp_Decode    : std_logic_vector(6 downto 0);
  signal SEC1,SEC10     : integer range 0 to 9;
  signal Direction      : integer range 0 to 15;

  signal Clk_Count1     : std_logic_vector(9 downto 0);
  signal Clk1Hz         : std_logic;
  signal Dir_Flag       : std_logic;

  begin
    process(Clk)
      begin
        if(Clk'event and Clk='1') then
            if(Clk_Count1<1000) then
              Clk_Count1<=Clk_Count1+1;
            else
```

```
                Clk_Count1<="0000000001";
            end if;
        end if;
    end process;
Clk1Hz<=Clk_Count1(9);
process(Clk1Hz,Rst)
    begin
        if(Rst='0') then
            SEC1<=0;
            SEC10<=2;
            Dir_Flag<='0';
        elsif(Clk1Hz'event and Clk1Hz='1') then
            if(SEC1=0) then
                SEC1<=9;
                if(SEC10=0) then
                    SEC10<=1;
                else
                    SEC10<=SEC10-1;
                end if;
            else
                SEC1<=SEC1-1;
            end if;
            if(SEC1=0 and SEC10=0) then
                Dir_Flag<=not Dir_Flag;
            end if;
        end if;
    end process;

process(Clk1Hz,Rst)
    begin
        if(Rst='0') then
            R1<='1';
            G1<='0';
            R2<='1';
            G2<='0';
        else
            if(SEC10>0 or SEC1>3) then
                if(Dir_Flag='0') then
                    R1<='0';
```

```vhdl
                    G1<='1';
                    R2<='1';
                    G2<='0';
                else
                    R1<='1';
                    G1<='0';
                    R2<='0';
                    G2<='1';
                end if;
            else
                if(Dir_Flag='0') then
                    R1<='0';
                    G1<='0';
                    R2<='1';
                    G2<='0';
                else
                    R1<='1';
                    G1<='0';
                    R2<='0';
                    G2<='0';
                end if;
            end if;
        end if;
end process;

process(Clk1Hz)
    begin
        if(SEC10>0 or SEC1>3) then
            Y1<='0';
            Y2<='0';
        elsif(Dir_Flag='0') then
            Y1<=Clk1Hz;
            Y2<='0';
        else
            Y1<='0';
            Y2<=Clk1Hz;
        end if;
end process;
```

```
      process(Dir_Flag)
        begin
          if(Dir_Flag='0') then
              Direction<=10;
          else
              Direction<=11;
          end if;
      end process;

      process(SEG_SEL)
        begin
          case (SEG_SEL+1) is
            when "000"=>Disp_Temp<=Direction;
            when "001"=>Disp_Temp<=Direction;
            when "010"=>Disp_Temp<=SEC10;
            when "011"=>Disp_Temp<=SEC1;
            when "100"=>Disp_Temp<=Direction;
            when "101"=>Disp_Temp<=Direction;
            when "110"=>Disp_Temp<=SEC10;
            when "111"=>Disp_Temp<=SEC1;
          end case;
      end process;

      process(Clk)
        begin
          if(Clk'event and Clk='1') then
              SEG_SEL<=SEG_SEL+1;
              Display<=Disp_Decode;
          end if;
      end process;
      process(Disp_Temp)
        begin
          case Disp_Temp is
            when 0=>Disp_Decode<="0111111";     --'0'
            when 1=>Disp_Decode<="0000110";     --'1'
            when 2=>Disp_Decode<="1011011";     --'2'
            when 3=>Disp_Decode<="1001111";     --'3'
            when 4=>Disp_Decode<="1100110";     --'4'
            when 5=>Disp_Decode<="1101101";     --'5'
```

```
            when 6=>Disp_Decode<="1111101";     --'6'
            when 7=>Disp_Decode<="0000111";     --'7'
            when 8=>Disp_Decode<="1111111";     --'8'
            when 9=>Disp_Decode<="1101111";     --'9'
            when 10=>Disp_Decode<="1001000";    --'='
            when 11=>Disp_Decode<="0010100";    --'||'
            when others=>Disp_Decode<="0000000";
        end case;
    end process;

end behave;
```

5.15　多功能数字钟的设计

5.15.1　实验目的

（1）了解数字钟的工作原理。

（2）进一步熟悉用 VHDL 语言编写驱动数码管显示的代码。

（3）掌握 VHDL 编写中的一些小技巧。

5.15.2　实验原理

多功能数字钟应该具有的功能有：显示时、分、秒，整点报时，小时和分钟可调等。整个钟表的工作是在 1 Hz 信号的作用下进行，这样每来一个时钟信号，会增加 1 秒，当从 59 秒跳转到 00 秒时，会增加 1 分钟，同时当从 59 分跳转到 00 分时，增加 1 小时。但是需要注意的是，小时的范围是从 0 ~ 23。

在实验中为了显示方便，由于分钟和秒钟显示的范围都是 0 ~ 59，可以用一个 3 位的二进制码显示十位，用一个 4 位的二进制码（BCD 码）显示个位，由于小时的范围是 0 ~ 23，所以可以用一个 2 位的二进制码显示十位，用 4 位二进制码（BCD 码）显示个位。

实验中由于数码管是以扫描的方式显示，所以虽然时钟需要的是 1 Hz 信号，但是扫描确需要一个比较高频率的信号，因此必须对输入的系统时钟进行分频得到准确的 1 Hz 信号。

对于整点报时功能，用户可以根据系统的硬件结构和自身的具体要求来设计。本实验设计的是当进行到整点的倒计时 5 s 时，让 LED 闪烁来进行整点报时的提示。

5.15.3　实验内容

本实验的任务就是设计一个多功能数字钟，要求显示格式为小时-分钟-秒钟，整点报时，报时时间为 5 s，即从整点前 5 s 开始进行报时提示（LED 开始闪烁），过整点后，停止闪烁。

系统时钟选择时钟模块的 10 kHz 时钟，要得到 1 Hz 时钟信号，必须对系统时钟进行 10 000 次分频。调整时间的按键采用按键模块的 S1 和 S2，S1 调节小时，每按下一次，增加一个小时，S2 调整分钟，每按下一次，增加一分钟。另外用 S8 按键作为系统时钟复位，复位后全部显示 00-00-00。

5.15.4 实验步骤

（1）打开 QUARTUS II 软件，新建一个工程。

（2）新建完工程之后，再新建一个 VHDL 文件，打开 VHDL 编辑器对话框。

（3）按照实验原理和自己的想法，在 VHDL 编辑窗口编写 VHDL 程序，用户可参照 ALTERA 公司网站上提供的示例程序。

（4）编写完 VHDL 程序后，保存文件。

（5）对编写的 VHDL 程序进行编译并仿真，对程序的错误进行修改，直到完全通过编译。

（6）编译无误后，参照附录进行管脚分配。表 5-25 是示例程序的管脚分配表。分配完成后，再进行一次全编译，以使管脚分配生效。

表 5-25 端口管脚分配表

端口名	使用模块信号	对应 FPGA 管脚	说　明
CLK	数字信号源	PIN_L20	时钟为 10 kHz
HOUR	按键开关 K1	PIN_AC17	调整小时
MIN	按键开关 K2	PIN_AF17	调整分钟
RESET	按键开关 K8	PIN_AF18	复位
LED0	LED 灯模块 LED1	PIN_N4	
LED1	LED 灯模块 LED2	PIN_N8	整点倒计时
LED2	LED 灯模块 LED3	PIN_M9	
LED3	LED 灯模块 LED4	PIN_N3	
DISPLAY0	数码管 A 段	PIN_K28	
DISPLAY1	数码管 B 段	PIN_K27	
DISPLAY2	数码管 C 段	PIN_K26	
DISPLAY3	数码管 D 段	PIN_K25	
DISPLAY4	数码管 E 段	PIN_K22	
DISPLAY5	数码管 F 段	PIN_K21	时间显示
DISPLAY6	数码管 G 段	PIN_L23	
DISPLAY7	数码管 DP 段	PIN_L22	
SEG-SEL0	位选 DEL0	PIN_L24	
SEG-SEL1	位选 DEL1	PIN_M24	
SEG-SEL2	位选 DEL2	PIN_L26	

（7）用下载电缆通过 JTAG 口将对应的.sof 文件加载到 FPGA 中。观察实验结果是否与自己的编程思想一致。

5.15.5　实验结果与现象

以设计的参考示例为例，当设计文件加载到目标器件后，将数字信号源模块的时钟设置为 10 kHz，数码管开始显示时间，从 00-00-00 开始。在整点的前 5 s 时，LED 灯模块的 LED1 ~ LED4 开始闪烁。一旦超过整点，LED 停止显示。长按按键开关 K1、K2，小时和分钟开始步进，可进行时间的调整。按下按键开关 K8，显示恢复到 00-00-00，重新开始计时显示。

5.15.6　实验报告

（1）将实验原理、设计过程、编译结果、硬件测试结果记录下来。
（2）在此实验的基础上试用其他方法来实现数字钟的功能，并增加其他功能。

5.15.7　主程序

```vhdl
library ieee;
use ieee.std_logic_1164.all;
use ieee.std_logic_arith.all;
use ieee.std_logic_unsigned.all;
-----------------------------------------------------------------
entity time is
    port( Clk        :  in     std_logic;
          Rst        :  in     std_logic;
          S1,S2      :  in     std_logic;
          led        :  out    std_logic_vector(3 downto 0);
          Display    :  out    std_logic_vector(7 downto 0);
          SEG_SEL    :  buffer std_logic_vector(2 downto 0)
        );
end time;
-----------------------------------------------------------------
architecture behave of time is
    signal Disp_Temp      : integer range 0 to 15;
    signal Disp_Decode    : std_logic_vector(7 downto 0);
    signal SEC1,SEC10     : integer range 0 to 9;
    signal MIN1,MIN10     : integer range 0 to 9;
    signal HOUR1,HOUR10   : integer range 0 to 9;

    signal Clk_Count1     : std_logic_vector(13 downto 0);
    signal Clk1Hz         : std_logic;
```

```vhdl
signal led_count     : std_logic_vector(2 downto 0);
signal led_display     : std_logic_vector(3 downto 0);

begin
  process(Clk)
    begin
      if(Clk'event and Clk='1') then
        if(Clk_Count1<10000) then
          Clk_Count1<=Clk_Count1+1;
        else
          Clk_Count1<="00000000000001";
        end if;
      end if;
  end process;
  Clk1Hz<=Clk_Count1(13);
  process(Clk1Hz,Rst)
    begin
      if(Rst='0') then
        SEC1<=0;
        SEC10<=0;
        MIN1<=0;
        MIN10<=0;
        HOUR1<=0;
        HOUR10<=0;
      elsif(Clk1Hz'event and Clk1Hz='1') then
        if(S1='0') then
          if(HOUR1=9) then
            HOUR1<=0;
            HOUR10<=HOUR10+1;
          elsif(HOUR10=2 and HOUR1=3) then
            HOUR1<=0;
            HOUR10<=0;
          else
            HOUR1<=HOUR1+1;
          end if;
        elsif(S2='0') then
          if(MIN1=9) then
            MIN1<=0;
            if(MIN10=5) then
```

```
                    MIN10<=0;
                 else
                     MIN10<=MIN10+1;
                 end if;
              else
                 MIN1<=MIN1+1;
              end if;
           elsif(SEC1=9) then
              SEC1<=0;
              if(SEC10=5) then
                 SEC10<=0;
                 if(MIN1=9) then
                    MIN1<=0;
                    if(MIN10=5) then
                       MIN10<=0;
                       if(HOUR1=9) then
                          HOUR1<=0;
                          HOUR10<=HOUR10+1;
                       elsif(HOUR10=2 and HOUR1=3) then
                          HOUR1<=0;
                          HOUR10<=0;
                       else
                          HOUR1<=HOUR1+1;
                       end if;
                    else
                       MIN10<=MIN10+1;
                    end if;
                 else
                    MIN1<=MIN1+1;
                 end if;
              else
                 SEC10<=SEC10+1;
              end if;
           else
              SEC1<=SEC1+1;
           end if;
        end if;
     end if;
end process;
```

```vhdl
    process(Clk)
      begin
        if(Clk1hz'event and Clk1hz='1') then

            if(MIN10=5 and MIN1=9 and SEC10=5   and   sec1>3) then
                led_Count<=led_Count+1;
            else
                led_count<="000";
              end if;
          end if;
              end process;
  process(led_count)
      begin
        case (led_count) is
          when "000"=>led_display<="0000";
          when "001"=>led_display<="1111";
          when "010"=>led_display<="0111";
          when "011"=>led_display<="0011";
          when "100"=>led_display<="0001";
          when "101"=>led_display<="1111";
          when others=>led_display<="0000";
        end case;
        led<=led_display;
    end process;
    process(SEG_SEL)
      begin
        case (SEG_SEL+1) is
          when "000"=>Disp_Temp<=HOUR10;
          when "001"=>Disp_Temp<=HOUR1;
          when "010"=>Disp_Temp<=10;
          when "011"=>Disp_Temp<=MIN10;
          when "100"=>Disp_Temp<=MIN1;
          when "101"=>Disp_Temp<=10;
          when "110"=>Disp_Temp<=SEC10;
          when "111"=>Disp_Temp<=SEC1;
        end case;
    end process;

    process(Clk)
```

```
    begin
        if(Clk'event and Clk='1') then
            SEG_SEL<=SEG_SEL+1;
            Display<=Disp_Decode;
        end if;
    end process;
    process(Disp_Temp)
        begin
            case Disp_Temp is
                when 0=>Disp_Decode<="00111111";      --0
                when 1=>Disp_Decode<="00000110";      --1
                when 2=>Disp_Decode<="01011011";      --2
                when 3=>Disp_Decode<="01001111";      --3
                when 4=>Disp_Decode<="01100110";      --4
                when 5=>Disp_Decode<="01101101";      --5
                when 6=>Disp_Decode<="01111101";      --6
                when 7=>Disp_Decode<="00000111";      --7
                when 8=>Disp_Decode<="01111111";      --8
                when 9=>Disp_Decode<="01101111";      --9
                when 10=>Disp_Decode<="01000000";      ---
                when others=>Disp_Decode<="00000000";
            end case;
        end process;

end behave;
```

5.16　数字秒表的设计

5.16.1　实验目的

（1）了解数字秒表的工作原理。
（2）进一步熟悉用 VHDL 语言编写驱动数码管显示的代码。
（3）掌握 VHDL 编写中的一些小技巧。

5.16.2　实验原理

秒表由于其计时精确，分辨率高（0.01 s），在竞技场所得到了广泛的应用。

秒表的工作原理与实验十五的多功能数字时钟基本相同，唯一不同的是，由于秒表的计时时钟信号分辨率为 0.01 s，所以整个秒表的工作时钟为 100 Hz。当秒表的计时小于 1 h 时，显示的格式是 mm-ss-xx（mm 表示分钟：0 ~ 59；ss 表示秒：0 ~ 59；xx 表示百分之一秒：0 ~ 99），当秒表的计时大于或等于 1 h 时，其显示和多功能时钟一样，即 hh-mm-ss（hh 表示小时：0 ~ 99），由于秒表的功能和钟表有所不同，所以秒表的 hh 表示的范围不是 0 ~ 23，而是 0 ~ 99，这也是和多功能时钟不一样的地方。

在设计秒表的时候，时钟设置为 100 Hz。设置变量时，因为 xx（0.01 秒）和 hh（小时）表示的范围都是 0 ~ 99，所以用两个 4 位二进制码（BCD 码）表示；而 ss（秒钟）和 mm（分钟）表示的范围是 0 ~ 59，所以用一个 3 位的二进制码和一个 4 位的二进制码（BCD）码表示。显示的时候要注意小时的判断，如果小时是 00，则显示格式为 mm-ss-xx；如果小时不为 00，则显示 hh-mm-ss。

5.16.3　实验内容

本实验的任务就是设计一个秒表，系统时钟选择时钟模块的 1 kHz，由于计时时钟信号为 100 Hz，因此需要对系统时钟进行 10 分频才能得到，之所以选择 1 kHz 的时钟是因为数码管需要扫描显示，所以选择 1 kHz。另外为了控制方便，需要一个复位按键、启动计时按键和停止计时按键，分别选用实验箱按键模块的 S1、S2 和 S3，按下 S1，系统复位，所有寄存器全部清零；按下 S2，秒表启动计时；按下 S3。秒表停止计时，且数码管显示当前计时时间；如果再次按下 S2，秒表继续计时，除非按下 S1，系统才能复位，显示 00-00-00。

5.16.4　实验步骤

（1）打开 QUARTUSII 软件，新建一个工程。

（2）新建完工程之后，再新建一个 VHDL 文件，打开 VHDL 编辑器对话框。

（3）按照实验原理和自己的想法，在 VHDL 编辑窗口编写 VHDL 程序，用户可参照 ALTERA 公司网站上提供的示例程序。

（4）编写完 VHDL 程序后，保存文件。

（5）对编写的 VHDL 程序进行编译，对程序的错误进行修改。

（6）编译无误后，参照附录进行管脚分配。表 5-26 是示例程序的管脚分配表。分配完成后，再进行一次全编译，以使管脚分配生效。

表 5-26　端口管脚分配表

端口名	使用模块信号	对应 FPGA 管脚	说　明
CLK	数字信号源	PIN_L20	时钟为 1 kHz
START	按键开关 K1	PIN_AC17	复位信号
OVER	按键开关 K2	PIN_AF17	秒表开始计数
RESET	按键开关 K3	PIN_AD18	秒表停止计数
LEDAG0	数码管 A 段	PIN_K28	秒表计数结果输出

端口名	使用模块信号	对应 FPGA 管脚	说　明
LEDAG1	数码管 B 段	PIN_K27	
LEDAG2	数码管 C 段	PIN_K26	
LEDAG3	数码管 D 段	PIN_K25	
LEDAG4	数码管 E 段	PIN_K22	
LEDAG5	数码管 F 段	PIN_K21	秒表计数结果输出
LEDAG6	数码管 G 段	PIN_L23	
LEDAG7	数码管 DP 段	PIN_L22	
SEL0	位选 DEL0	PIN_L24	
SEL1	位选 DEL1	PIN_M24	
SEL2	位选 DEL2	PIN_L26	

（7）用下载电缆通过 JTAG 口将对应的.sof 文件加载到 FPGA 中。观察实验结果是否与自己的编程思想一致。

5.16.5　实验结果与现象

以设计的参考示例为例，当设计文件加载到目标器件后，将数字信号源模块的时钟设置为 1 kHz，设计的数字秒表从 00-00-00 开始计秒。直到按下停止按键（按键开关 K2），数码管停止计秒。按下开始按键（按键开关 K1），数码管继续计秒。按下复位按键（按键开关 K3）秒表从 00-00-00 重新开始计秒。

5.16.6　实验报告

将实验原理、设计过程、编译结果、硬件测试结果记录下来。

5.16.7　主程序

```
library ieee;
use ieee.std_logic_1164.all;
use ieee.std_logic_arith.all;
use ieee.std_logic_unsigned.all;
-------------------------------------------------------------------
entity cnt is
  port( Clk          : in     std_logic;
        reset        : in     std_logic;
        start,over   : in     std_logic;
        ledag        : out    std_logic_vector(7 downto 0);
```

```
            SEL             :   buffer   std_logic_vector(2 downto 0)
        );
end cnt;

-----------------------------------------------------------------
architecture behave of cnt is
    signal Disp_Temp        : integer range 0 to 15;
    signal Disp_Decode      : std_logic_vector(7 downto 0);
    signal mSEC1,mSEC10     : integer range 0 to 9;
    signal SEC1,SEC10       : integer range 0 to 9;
    signal MIN1,MIN10       : integer range 0 to 9;
    signal HOUR1,HOUR10     : integer range 0 to 9;

    signal Clk_Count1       : std_logic_vector(3 downto 0);
    signal Clk100Hz         : std_logic;
    signal Start_Flag       : std_logic;
    signal Music_Count      : std_logic_vector(2 downto 0);

    begin
        process(Clk)
            begin
                if(Clk'event and Clk='1') then
                    if(Clk_Count1<10) then
                        Clk_Count1<=Clk_Count1+1;
                    else
                        Clk_Count1<="0001";
                    end if;
                end if;
            end process;
        Clk100Hz<=Clk_Count1(3);
        process(Clk100Hz)
            begin
                if(reset='0') then
                    mSEC1<=0;
                    mSEC10<=0;
                    SEC1<=0;
                    SEC10<=0;
                    MIN1<=0;
                    MIN10<=0;
                    HOUR1<=0;
```

```vhdl
                HOUR10<=0;
            Start_Flag<='0';
    elsif(start='0' and Start_Flag='0') then
        Start_Flag<='1';
    elsif(over='0' and Start_Flag='1') then
        Start_Flag<='0';
    elsif(Clk100Hz'event and Clk100Hz='1') then
        if(Start_Flag='1') then
            if(mSEC1=9) then
                mSEC1<=0;
                if(mSEC10=9) then
                    mSEC10<=0;
                    if(SEC1=9) then
                        SEC1<=0;
                        if(SEC10=5) then
                            SEC10<=0;
                            if(MIN1=9) then
                                MIN1<=0;
                                if(MIN10=5) then
                                    MIN10<=0;
                                    if(HOUR1=9) then
                                        HOUR1<=0;
                                        if(HOUR10=9) then
                                            HOUR10<=0;
                                        else
                                            HOUR10<=HOUR10+1;
                                        end if;
                                    else
                                        HOUR1<=HOUR1+1;
                                    end if;
                                else
                                    MIN10<=MIN10+1;
                                end if;
                            else
                                MIN1<=MIN1+1;
                            end if;
                        else
                            SEC10<=SEC10+1;
                        end if;
```

```
                    else
                        SEC1<=SEC1+1;
                    end if;
                else
                    mSEC10<=mSEC10+1;
                end if;
            else
                mSEC1<=mSEC1+1;
            end if;
        end if;
    end if;
end process;


process(SEL)
    begin
        if(HOUR1=0) then
            case (SEL+1) is
            when "000"=>Disp_Temp<=MIN10;
            when "001"=>Disp_Temp<=MIN1;
            when "010"=>Disp_Temp<=10;
            when "011"=>Disp_Temp<=SEC10;
            when "100"=>Disp_Temp<=SEC1;
            when "101"=>Disp_Temp<=10;
            when "110"=>Disp_Temp<=mSEC10;
            when "111"=>Disp_Temp<=mSEC1;
            end case;
        else
            case (SEL+1) is
            when "000"=>Disp_Temp<=HOUR10;
            when "001"=>Disp_Temp<=HOUR1;
            when "010"=>Disp_Temp<=10;
            when "011"=>Disp_Temp<=MIN10;
            when "100"=>Disp_Temp<=MIN1;
            when "101"=>Disp_Temp<=10;
            when "110"=>Disp_Temp<=SEC10;
            when "111"=>Disp_Temp<=SEC1;
            end case;
        end if;
end process;
```

```
    process(Clk)
      begin
        if(Clk'event and Clk='1') then
            SEL<=SEL+1;
            ledag<=Disp_Decode;
        end if;
    end process;
    process(Disp_Temp)
      begin
        case Disp_Temp is
            when 0=>Disp_Decode<="00111111";     --0
            when 1=>Disp_Decode<="00000110";     --1
            when 2=>Disp_Decode<="01011011";     --2
            when 3=>Disp_Decode<="01001111";     --3
            when 4=>Disp_Decode<="01100110";     --4
            when 5=>Disp_Decode<="01101101";     --5
            when 6=>Disp_Decode<="01111101";     --6
            when 7=>Disp_Decode<="00000111";     --7
            when 8=>Disp_Decode<="01111111";     --8
            when 9=>Disp_Decode<="01101111";     --9
            when 10=>Disp_Decode<="01000000";     ---
            when others=>Disp_Decode<="00000000";
        end case;
    end process;

end behave;
```

5.17 序列检测器的设计

5.17.1 实验目的

（1）了解序列检测器的工作原理。
（2）掌握时序电路设计中状态机的应用。
（3）进一步掌握用 VHDL 语言实现复杂时序电路的设计过程。

5.17.2 实验原理

序列检测器在很多数字系统中都不可缺少，尤其是在通信系统当中。序列检测器的作用就是从一系列的码流中找出用户希望出现的序列，序列可长可段。比如在通信系统中，数据流帧头的检测就属于一个序列检测器。序列检测器的类型有很多种，有逐比特比较的，有逐字节比较的，也有其他的比较方式。实际应用中需要采用何种比较方式，主要是看序列的多少以及系统的延时要求。现在就简单介绍一下逐比特比较的原理。

逐比特比较的序列检测器是在输入一个特定波特率的二进制码流中，每输入一个二进制码，都与期望的序列相比较。首先比较第一个码，如果第一个码与期望的序列的第一个码相同，那么下一个输入的二进制码再和期望的序列的第二个码相比较，依次比较下去，直到所有的码都和期望的序列相一致，就认为检测到一个期望的序列。如果检测过程中出现一个码与期望的序列当中对应的码不一样，则从头开始比较。

5.17.3 实验内容

本实验就是要设计一个序列检测器，要求检测的序列长度为 8 位，实验中用开关的 K1 ~ K8 作为外部二进制码流的输入，在 FPGA 内部则是逐个比较。同时用按键模块的 S1 来作为一个启动检测信号，每按下 K1 一次，检测器检测一次，如果 K1 ~ K8 输入的序列与 VHDL 设计时期望的序列的一致，则认为检测到一个正确的序列，否则如果有一个不同，则认为没有检测到正确的序列。另外为了便于观察，序列检测结果用一个 LED 显示，本实验中用 LED 模块的 LED1 来显示，如果检测到正确的序列，则 LED 亮起，否则 LED 熄灭；用数码管来显示错误码的个数。另外就是设置序列检测时钟信号的输入，本实验选择时钟模块的 1 kHz 信号。

5.17.4 实验步骤

（1）打开 QUARTUSII 软件，新建一个工程。

（2）新建完工程之后，再新建一个 VHDL 文件，打开 VHDL 编辑器对话框。

（3）按照实验原理和自己的想法，在 VHDL 编辑窗口编写 VHDL 程序，用户可参照 ALTERA 公司网站上提供的示例程序。

（4）编写完 VHDL 程序后，保存文件。

（5）对编写的 VHDL 程序进行编译并仿真，对程序的错误进行修改。

（6）编译无误后，参照附录进行管脚分配。表 5-27 是示例程序的管脚分配表。分配完成后，再进行一次全编译，以使管脚分配生效。

表 5-27 端口管脚分配表

端口名	使用模块信号	对应 FPGA 管脚	说　明
INCLK	数字信号源	PIN_L20	时钟
START	按键开关 K1	PIN_AC17	开始检测
DATA0	拨动开关 SW8	PIN_AE14	
DATA1	拨动开关 SW7	PIN_AF14	
DATA2	拨动开关 SW6	PIN_AA14	
DATA3	拨动开关 SW5	PIN_Y15	检测数据输入
DATA4	拨动开关 SW4	PIN_AA15	

端口名	使用模块信号	对应 FPGA 管脚	说　明
DATA5	拨动开关 SW3	PIN_AB15	检测数据输入
DATA6	拨动开关 SW2	PIN_AC15	
DATA7	拨动开关 SW1	PIN_AD15	
LED	LED 灯 LED1	PIN_N4	检测结果输出
LEDAG0	数码管 A 段	PIN_K28	检测个数显示
LEDAG1	数码管 B 段	PIN_K27	
LEDAG2	数码管 C 段	PIN_K26	
LEDAG3	数码管 D 段	PIN_K25	
LEDAG4	数码管 E 段	PIN_K22	
LEDAG5	数码管 F 段	PIN_K21	
LEDAG6	数码管 G 段	PIN_L23	
SEL0	位选 DEL0	PIN_L24	
SEL1	位选 DEL1	PIN_M24	
SEL2	位选 DEL2	PIN_L26	

（7）用下载电缆通过 JTAG 口将对应的.sof 文件加载到 FPGA 中。观察实验结果是否与自己的编程思想一致。

5.17.5　实验结果与现象

以设计的参考示例为例，当设计文件加载到目标器件后，将数字信号源模块的时钟选择为 1 kHZ，拨动八位拨动开关，使其为一个数值，按下按键开关的 K1 键开始检测。如果与程序设定的值相同，则 LED 显示模块的 LED1 会亮，在数码管上显示"0"。如果与程序设定的值不同，则 LED 灯模块的 LED1 不会亮，在数码管上显示错误的个数。

5.17.6　实验报告

（1）将实验原理、设计过程、编译结果、硬件测试结果记录下来。
（2）增加其他功能，试采用其他方法编写 VHDL 程序。

5.17.7　主程序

```
------------------------------------
library ieee;
use ieee.std_logic_1164.all;
use ieee.std_logic_arith.all;
```

```vhdl
use ieee.std_logic_unsigned.all;
--------------------------------------------------------------------
entity check is
    port( Clk        : in     std_logic;
          data       : in     std_logic_vector(7 downto 0);
          Start      : in     std_logic;
          ledag      : out    std_logic_vector(6 downto 0);
          sel        : out    std_logic_vector(2 downto 0);
          led        : out    std_logic);
end check;
--------------------------------------------------------------------
architecture behave of check is
    signal m_Count     : integer range 0 to 15;
    signal Start_Flag : std_logic;
    signal Error_Num  : std_logic_vector(3 downto 0);
    signal ABC             : std_logic_vector(7 downto 0);
    signal led_count  : std_logic_vector(6 downto 0);
    signal sel_count   : std_logic_vector(2 downto 0);
    begin
      ABC<="11001100";
      process(Clk)
        begin
          if(Clk'event and Clk='1') then
              if(Start='0') then
                Start_Flag<='1';
              elsif(m_Count>=7) then
                Start_Flag<='0';
              end if;
          end if;
      end process;
      process(Clk)
        begin
          if(Clk'event and Clk='1') then
              if(Start='0') then
                  m_Count<=0;
              elsif(Start_Flag='1') then
                  m_Count<=m_Count+1;
              else
                  m_Count<=15;
```

```vhdl
            end if;
          end if;
      end process;
      process(Clk)
        begin
          if(Clk'event and Clk='1') then
            if(Start='0') then
              Error_Num<="0000";
            elsif(m_Count<=7 and data(m_Count)/=ABC(m_Count)) then
              Error_Num<=Error_Num+1;
            end if;
          end if;
      end process;
      process(Clk)
        begin
          if(Clk'event and Clk='1') then
            if(Start='0') then
              elsif(m_Count=8) then
                if(Error_Num="0000") then
                  led<='1';
                else
                  led<='0';
                end if;
            end if;
          end if;
      end process;
    process(Clk)
        begin
          if(Clk'event and Clk='1') then
            sel_count<=sel_count+1;
          end   if;
            sel<=sel_count;

    end process;

  process(Error_Num)
        begin
  case error_num is
          when "0000"=>led_count<="0111111";    --'0'
```

```
        when "0001"=>led_count<="0000110";     --'1'
        when "0010"=>led_count<="1011011";     --'2'
        when "0011"=>led_count<="1001111";     --'3'
        when "0100"=>led_count<="1100110";     --'4'
        when "0101"=>led_count<="1101101";     --'5'
        when "0110"=>led_count<="1111101";     --'6'
        when "0111"=>led_count<="0000111";     --'7'
        when "1000"=>led_count<="1111111";     --'8'
        when "1001"=>led_count<="1101111";     --'9'
        when "1010"=>led_count<="1000000";     --'-'
        when others=>led_count<="0000000";
      end case;
    ledag<=led_count;
  end process;


end behave;
```

5.18   出租车计费器的设计

5.18.1   实验目的

（1）了解出租车计费器的工作原理。
（2）学会用 VHDL 语言编写正确的数码管显示程序。
（3）掌握用 VHDL 编写复杂功能模块。
（4）进一步掌握状态机在系统设计中的应用。

5.18.2   实验原理

出租车计费器一般都是按公里计费，通常是起步价××元（××元可以行走×公里），然后再按××元/公里计价。所以要完成一个出租车计费器，就要有两个计数单位，一个用来计公里，另外一个用来计费用。通常在出租车的轮子上都有传感器，用来记录车轮转动的圈数，而车轮子的周长是固定的，所以知道了圈数自然也就知道了里程。在这个实验中，要模拟出租车计费器的工作过程，可以用直流电机模拟出租车轮子，通过传感器，可以让电机每转一周输出一个脉冲波形。结果用 8 个数码管显示，前 4 个显示里程，后 4 个显示费用。

在设计 VHDL 程序时，首先在复位信号的作用下将所有用到的寄存器清零，然后开始设定起步价记录状态，在此状态下，即在起步价规定的里程里都一直显示起步价，直到路程超过起步价规定的里程时，系统转移到每公里计费状态，此时每增加一公里，计费器增加相应的费用。

另外讲一讲编程过程中的一些小技巧。为了便于显示，编程过程中数据用 BCD 码来显示，这样就不存在数据格式转换的问题。如表示一个 3 位数，那么就分别用 4 位二进制码来表示，当个位数字累加大于 9 时，将其清零，同时十位数字加 1，依此类推。

5.18.3 实验内容

本实验要完成的任务就是设计一个简单的出租车计费器，要求是起步价 3 元，准行 1 公里，以后 1 元/公里。显示部分的数码管扫描时钟选择时钟模块的 1 kHz，电机模块的跳线选择 GND 端，这样通过旋钮电机模块的电位器，即可达到控制电机转速的目的。另外用按键模块的 K1 作为整个系统的复位按钮，每复位一次，计费器从头开始计费。直流电机用来模拟出租车的车轮子，每转动一圈认为是行走 1 m，所以每旋转 1000 圈，认为车子前进 1 km。系统设计是需要检测电机的转动情况，每转一周，计米计数器增加 1。数码管显示要求为：前 4 个数码管显示里程，后 3 个数码管显示费用。

5.18.4 实验步骤

（1）打开 QUARTUSII 软件，新建一个工程。

（2）新建完工程之后，再新建一个 VHDL 文件，打开 VHDL 编辑器对话框。

（3）按照实验原理和自己的想法，在 VHDL 编辑窗口编写 VHDL 程序，用户可参照 ALTERA 公司网站上提供的示例程序。

（4）编写完 VHDL 程序后，保存文件。

（5）对编写的 VHDL 程序进行编译并仿真，对程序的错误进行修改。

（6）编译仿真无误后，依照拨动开关、LED 与 FPGA 的管脚连接表或参照附录进行管脚分配。表 5-28 是示例程序的管脚分配表。分配完成后，再进行一次全编译，以使管脚分配生效。

表 5-28 端口管脚分配表

端口名	使用模块信号	对应 FPGA 管脚	说　明
CLK	数字信号源	PIN_L20	时钟为 1 kHz
MOTOR	直流电机模块	PIN_M2	44E 脉冲输出
RST	按键开关 K1	PIN_AC17	复位信号
DISPLAY0	数码管 A 段	PIN_K28	计价器费用显示
DISPLAY1	数码管 B 段	PIN_K27	
DISPLAY2	数码管 C 段	PIN_K26	
DISPLAY3	数码管 D 段	PIN_K25	
DISPLAY4	数码管 E 段	PIN_K22	
DISPLAY5	数码管 F 段	PIN_K21	计价器费用显示
DISPLAY6	数码管 G 段	PIN_L23	
SEG-SEL0	位选 DEL0	PIN_L24	
SEG-SEL1	位选 DEL1	PIN_M24	
SEG-SEL2	位选 DEL2	PIN_L26	

（7）用下载电缆通过 JTAG 口将对应的.sof 文件加载到 FPGA 中。观察实验结果是否与自己的编程思想一致。

5.18.5　实验结果与现象

以设计的参考示例为例，当设计文件加载到目标器件后，将数字信号源模块的时钟设置为 1 MHz，将直流电机模块的模式选择为 GND 模式（跳线连接"开"），旋转改变转速的电位器，使直流电机开始旋转。可以看到数码管前 4 个显示里程，后 4 个显示费用。按下 K1 系统复位，每复位一次，计费器从头开始计费。

5.18.6　实验报告

将实验原理、设计过程、编译结果、硬件测试结果记录下来。

5.18.7　主程序

```
----------------------------------
library ieee;
use ieee.std_logic_1164.all;
use ieee.std_logic_arith.all;
use ieee.std_logic_unsigned.all;
-----------------------------------------------------------------
entity taxi is
  port( Clk        :  in     std_logic;
        Rst        :  in     std_logic;
        Motor      :  in     std_logic;
        Display    :  out    std_logic_vector(7 downto 0);
        SEG_SEL    :  buffer  std_logic_vector(2 downto 0)
        );
end taxi;
-----------------------------------------------------------------
architecture behave of taxi is
  signal Disp_Temp : integer range 0 to 15;
  signal Disp_Decode: std_logic_vector(7 downto 0);
  signal Meter1,Meter10,Meter100,Meter1K      : integer range 0 to 9;
  signal Money1,Money10,Money100    : integer range 0 to 9;
  signal Old_Money1   :   integer range 0 to 9;

  begin
    process(Motor)
      begin
```

```
     if(Rst='0') then
        Mcter1<=0;
        Meter10<=0;
        Meter100<=0;
        Meter1K<=0;
     elsif(Motor'event and Motor='1') then
        if(Meter1=9) then
           Meter1<=0;
           if(Meter10=9) then
               Meter10<=0;
               if(Meter100=9) then
                  Meter100<=0;
                  if(Meter1K=9) then
                      Meter1K<=0;
                  else
                      Meter1K<=Meter1K+1;
                  end if;
               else
                  Meter100<=Meter100+1;
               end if;
           else
               Meter10<=Meter10+1;
           end if;
        else
           Meter1<=Meter1+1;
        end if;
     end if;
end process;
process(Clk)
  begin
     if(Rst='0') then
        Money1<=0;
        Money10<=0;
        Money100<=0;
     elsif(Clk'event and Clk='1') then
        if(Meter1K<1) then
           Money100<=0;
           Money10<=3;
           Money1<=0;
```

```
                    Old_Money1<=0;
                else
                    Money1<=Meter100;
                    Old_Money1<=Money1;
                    if(Old_Money1=9 and Money1=0) then
                        if(Money10=9) then
                          Money10<=0;
                          if(Money100=9) then
                              Money100<=0;
                          else
                              Money100<=Money100+1;
                          end if;
                        else
                          Money10<=Money10+1;
                        end if;
                    end if;
                end if;
            end if;
        end process;
        process(SEG_SEL)
          begin
            case (SEG_SEL+1) is
              when "000"=>Disp_Temp<=Meter1K;
              when "001"=>Disp_Temp<=Meter100;
              when "010"=>Disp_Temp<=Meter10;
              when "011"=>Disp_Temp<=Meter1;
              when "100"=>Disp_Temp<=10;
              when "101"=>Disp_Temp<=Money100;
              when "110"=>Disp_Temp<=Money10;
              when "111"=>Disp_Temp<=Money1;
            end case;
        end process;

        process(Clk)
          begin
            if(Clk'event and Clk='1') then
                SEG_SEL<=SEG_SEL+1;
                if(SEG_SEL=5) then
                    Display<=Disp_Decode or "01000000";
```

```
        else
            Display<=Disp_Decode;
        end if;
    end if;
end process;
process(Disp_Temp)
  begin
    case Disp_Temp is
        when 0=>Disp_Decode<="00111111";    --0
        when 1=>Disp_Decode<="00000110";    --1
        when 2=>Disp_Decode<="01011011";    --2
        when 3=>Disp_Decode<="01001111";    --3
        when 4=>Disp_Decode<="01100110";    --4
        when 5=>Disp_Decode<="01101101";    --5
        when 6=>Disp_Decode<="01111101";    --6
        when 7=>Disp_Decode<="00000111";    --7
        when 8=>Disp_Decode<="01111111";    --8
        when 9=>Disp_Decode<="01101111";    --9
        when 10=>Disp_Decode<="01000000";    ---
        when others=>Disp_Decode<="00000000";
    end case;
  end process;

end behave;
```

5.19　可控脉冲发生器的设计

5.19.1　实验目的

（1）了解可控脉冲发生器的实现机理。

（2）学会用示波器观察 FPGA 产生的信号。

（3）学习用 VHDL 编写复杂功能的代码。

5.19.2　实验原理

脉冲发生器就是要产生一个脉冲波形，而可控脉冲发生器则是要产生一个周期和占空比可变的脉冲波形。可控脉冲发生器的实现原理比较简单，可以简单地理解为一个计数器对输入的时钟信号进行分频的过程。通过改变计数器的上限值来达到改变周期的目的，通过改变电平翻转的阈值来达到改变占空比的目的。

5.19.3 实验内容

本实验的任务就是要设计一个可控的脉冲发生器，要求输出的脉冲波的周期和占空比都可变。具体的实验过程中，时钟信号选用时钟模块中的 1 MHz 时钟，然后再用按键模块的 S1 和 S5 来控制脉冲波的周期，每按下 S1，N 会在慢速时钟作用下不断地递增 1，按下 S5，N 会在慢速时钟作用下不断地递减 1。用 S2 和 S6 来控制脉冲波的占空比，每按下 S2，M 会在慢速时钟作用下不断地递增 1，每按下 S6，M 会在慢速时钟作用下不断地递减 1。S8 用作复位信号，当按下 S8 时，复位 FPGA 内部的脉冲发生器模块。脉冲波的输出直接输出到实验箱观测模块的探针 OUT1，以便用示波器观察输出波形的改变。

5.19.4 实验步骤

（1）打开 QUARTUSII 软件，新建一个工程。
（2）新建完工程之后，再新建一个 VHDL 文件，打开 VHDL 编辑器对话框。
（3）按照实验原理和自己的想法，在 VHDL 编辑窗口编写 VHDL 程序，用户可参照 ALTERA 公司网站上提供的示例程序。
（4）编写完 VHDL 程序后，保存文件。
（5）对编写的 VHDL 程序进行编译并仿真，对程序的错误进行修改。
（6）编译无误后，参照附录进行管脚分配。表 5-29 是示例程序的管脚分配表。分配完成后，再进行一次全编译，以使管脚分配生效。

表 5-29　端口管脚分配表

端口名	使用模块信号	对应 FPGA 管脚	说　明
CLK	数字信号源	PIN_L20	时钟为 1 MHz
NU	按键开关 K1	PIN_AC17	频率控制/增加
ND	按键开关 K5	PIN_AA17	频率控制/减少
MU	按键开关 K2	PIN_AF17	占空比控制/增加
MD	按键开关 K6	PIN_AE17	占空比控制/减少
RST	按键开关 K8	PIN_AF18	复位控制
FOUT	输出观测模块	PIN_C15	示波器观测点

（7）用下载电缆通过 JTAG 口将对应的.sof 文件加载到 FPGA 中。观察实验结果是否与自己的编程思想一致。

5.19.5 实验结果与现象

以设计的参考示例为例，当设计文件加载到目标器件后，将数字信号源模块的时钟选择设置为 1 MHz，按下按键开关模块的 K8 按键，在输出观测模块通过示波器可以观测到一个频率约为 1 kHz、占空比为 50% 的矩形波。按下 K1 键或者 K5 键，这个矩形波的频率会相应地增加或者减少。按下 K2 键或者 K6 键，这个矩形波的占空比会相应地增加或减少。

5.19.6　实验报告

（1）在这个实验的基础上重新设计，使程序改变频率的时候不会影响占空比的改变。

（2）将实验原理、设计过程、编译结果、硬件测试结果记录下来。

5.19.7　主程序

```
-----------------------------------
library ieee;
use ieee.std_logic_1164.all;
use ieee.std_logic_arith.all;
use ieee.std_logic_unsigned.all;
-----------------------------------------------------------------
entity pulse is
   port( Clk        :  in     std_logic;
         Rst        :  in     std_logic;
         NU,ND      :  in     std_logic;
         MU,MD      :  in     std_logic;
         LED        :  out    std_logic;
         Fout       :  out    std_logic
         );
end pulse;
-----------------------------------------------------------------
architecture behave of pulse is
   signal N_Buffer,M_Buffer : std_logic_vector(10 downto 0);
   signal N_Count :std_logic_vector(10 downto 0);
   signal clkin : std_logic;
   signal Clk_Count   : std_logic_vector(12 downto 0);
   begin
     process(Clk)
       begin
         if(Clk'event and Clk='1') then
             if(N_Count=N_Buffer) then
                 N_Count<="00000000000";
             else
                 N_Count<=N_Count+1;
```

```
            end if;
        end if;
    end process;
    process(Clk)
      begin
        if(Clk'event and Clk='1') then
            if(N_Count<M_Buffer) then
                Fout<='1';
                LED<='1';
            elsif(N_Count>M_Buffer and N_Count<N_Buffer) then
                Fout<='0';
                LED<='0';
            end if;
        end if;
    end process;
    process(Clk)
      begin
        if(Clk'event and Clk='1') then
            Clk_Count<=Clk_Count+1;
        end if;
        clkin<=Clk_Count(12);
    end process;
    process(clkin)
        begin
        if(clkin'event and clkin='0') then
            if(Rst='0') then
                M_Buffer<="01000000000";
                N_Buffer<="10000000000";
            elsif(NU='0') then
                N_Buffer<=N_Buffer-1;
            elsif(ND='0') then
                N_Buffer<=N_Buffer+1;
            elsif(MU='0') then
                M_Buffer<=M_Buffer-1;
            elsif(MD='0') then
                M_Buffer<=M_Buffer+1;
            end if;
        end if;
```

```
    end process;
end behave;
```

5.20　正负脉宽调制信号发生器设计

5.20.1　实验目的

（1）在掌握可控脉冲发生器的基础上了解正负脉宽数控调制信号发生的原理。
（2）熟练运用示波器观察实验箱上的探测点波形。
（3）掌握时序电路设计的基本思想。

5.20.2　实验原理

首先详细说明一下正负脉宽数控的原理。正负脉宽数控就是直接输入脉冲信号的正脉宽数和负脉宽数，正负脉宽数一旦定下来，脉冲波的周期也就确定下来了。其次是调制信号，调制信号有很多种，有频率调制、相位调制、幅度调制等，本实验中仅对输出的波形进行最简单的数字调制。另外为了 EDA 设计的灵活性，实验中要求可以输出非调制波形、正脉冲调制和负脉冲调制。非调制波形就是原始的脉冲波形。正脉冲调制就是在脉冲波输出"1"的期间输出另一个频率的方波，而在脉冲波为"0"时保持原始波形。负脉冲调制正好与正脉冲调制相反，要求在脉冲波输出为"0"期间输出另外一个频率的方波，而在脉冲为"1"期间则输出原始波形。为了简化实验，此处的调制波形（另外一个频率的方波）就用原始的时钟信号。其具体的波形如图 5-26 所示。

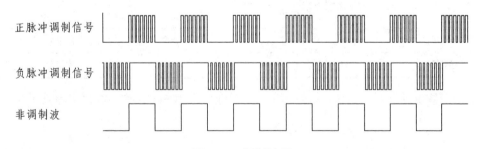

图 5-26　调制波形

5.20.3　实验内容

本实验的任务是设计一个正负脉宽数控调制信号发生器。要求能够输出正负脉宽数控的脉冲波、正脉冲调制的脉冲波和负脉冲调制的脉冲波形。实验中的时钟信号选择时钟模块的 1 MHz 信号，用开关模块的 K1～K4 作为正脉冲脉宽的输入，用 K5～K8 作为负脉冲脉宽的输入。用按键开关模块中的 S1 作为模式选择键，每按下一次，输出的脉冲波形改变一次，依次为原始脉冲波、正脉冲调制波和负脉冲调制波。输出连接至实验箱观测模块的探针，以便示波器观察。

5.20.4 实验步骤

（1）打开 QUARTUSII 软件，新建一个工程。

（2）新建完工程之后，再新建一个 VHDL 文件，打开 VHDL 编辑器对话框。

（3）按照实验原理和自己的想法，在 VHDL 编辑窗口编写 VHDL 程序，用户可参照 ALTERA 公司网站上提供的示例程序。

（4）编写完 VHDL 程序后，保存文件。方法同实验一。

（5）对编写的 VHDL 程序进行编译并仿真，对程序的错误进行修改。

（6）编译仿真无误后，依照拨动开关、按键开关、输出观测点与 FPGA 的管脚连接表或参照附录进行管脚分配。表 5-30 是示例程序的管脚分配表。分配完成后，再进行一次全编译，以使管脚分配生效。

表 5-30 端口管脚分配表

端口名	使用模块信号	对应 FPGA 管脚	说 明
CLK	数字信号源	PIN_L20	时钟为 1 MHz
P0	拨动开关 SW1	PIN_AD15	正脉宽度输入
P1	拨动开关 SW2	PIN_AC15	
P2	拨动开关 SW3	PIN_AB15	
P3	拨动开关 SW4	PIN_AA15	
N0	拨动开关 SW5	PIN_Y15	负脉宽度输入
N1	拨动开关 SW6	PIN_AA14	
N2	拨动开关 SW7	PIN_AF14	
N3	拨动开关 SW8	PIN_AE14	
MODE	按键开关 K1	PIN_AC17	输出模式选择
FOUT	输出观测模块	PIN_C15	调制信号输出

（7）用下载电缆通过 JTAG 口将对应的.sof 文件加载到 FPGA 中。观察实验结果是否与自己的编程思想一致。

5.20.5 实验结果及现象

以设计的参考示例为例，当设计文件加载到目标器件后，将数字信号源模块的时钟设置为 1 MHz，拨动八位拨动开关，使 SW1～SW4 中至少有一个为高电平，SW5～SW8 中至少有一个为高电平，此时用示波器可以观测到一个矩形波，其高低电平的占空比为 SW1～SW4 高电平的个数与 SW5～SW8 高电平个数的比。按下 K1 键后，矩形波发生改变，输出如图 5-23 所示的调制波形。

5.20.6　实验报告

将实验原理、设计过程、编译结果、硬件测试结果记录下来。

5.20.7　主程序

```vhdl
------------------------------------
library ieee;
use ieee.std_logic_1164.all;
use ieee.std_logic_arith.all;
use ieee.std_logic_unsigned.all;
-----------------------------------------------------------------
entity modulation is
    port( Clk        :   in     std_logic;
          Mode       :   in     std_logic;
          P,N        :   in     std_logic_vector(3 downto 0);
          Fout       :   out   std_logic ;
          LED        :   out   std_logic
          );
end modulation;
-----------------------------------------------------------------
architecture behave of modulation is
    signal M_Buffer,N_Buffer :std_logic_vector(4 downto 0);
    signal N_Count : std_logic_vector(4 downto 0);
    signal m_Mode    : std_logic_vector(1 downto 0);
    signal Clk_Count1 : std_logic_vector(3 downto 0);
    signal Clk_Count2 : std_logic_vector(12 downto 0);
    signal clkin1,clkin2: std_logic;
    begin
      process(P,N)
        begin
          M_Buffer<='0'&P;
          N_Buffer<=('0'&P)+('0'&N);
      end process;
      process(Clk)
        begin
          if(Clk'event and Clk='1') then
              Clk_Count1<=Clk_Count1+1;
          end if;
          clkin1<=Clk_Count1(3);
```

```vhdl
    end process;
    process(clkin1)
      begin
        if(clkin1'event and clkin1='1') then
            if(N_Count=N_Buffer) then
                N_Count<="00000";
            else
                N_Count<=N_Count+1;
            end if;
        end if;
    end process;
    process(Clk)
      begin
        if(N_Count<M_Buffer) then
          if(m_Mode=1) then
            Fout<=Clk;
            LED<=Clk;
          else
            Fout<='1';
            LED <='1';
          end if;
        elsif(N_Count>=M_Buffer and N_Count<N_Buffer) then
          if(m_Mode=2) then
            Fout<=Clk;
            LED<=Clk;
          else
            Fout<='0';
            LED <='0';
          end if;
        end if;
    end process;
    process(clkin1)
      begin
        if(clkin1'event and clkin1='1') then
            Clk_Count2<=Clk_Count2+1;
        end if;
        clkin2<=Clk_Count2(12);
    end process;
    process(clkin2)
```

```
begin
    if(clkin2'event and clkin2='0') then
        if(Mode='0') then
            m_Mode<=m_Mode+1;
        end if;
    end if;
end process;

end behave;
```

附录 I AS 模式下载说明

（1）用 QuartusII 打开一个程序后，打开 Assignments→Device…，如图 A-1 所示，然后打开 DeviceandPinOptions…。

图 A-1

（2）如图 A-2 所示，在左侧选择 Configuration，在 Configurationscheme 选项选择 ActiveSerial（canuseConfigurationDevice）。勾选 3 号框内选项 UseConfigurationdevice。4 号框内选择 EPCS64，最后点击 OK，完成设置。

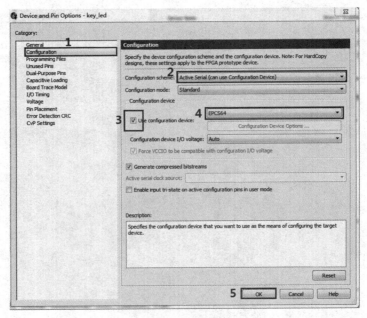

图 A-2

（3）单击图 A-3 中框内 StartCompilation 按钮，进行编译。

图 A-3

（4）编译成功后，单击图 A-4 中红框内 Programmer 按钮，准备下载程序。

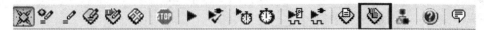

图 A-4

（5）在 Mode 栏选择 ActiveSerialProgramming，如图 A-5 所示。

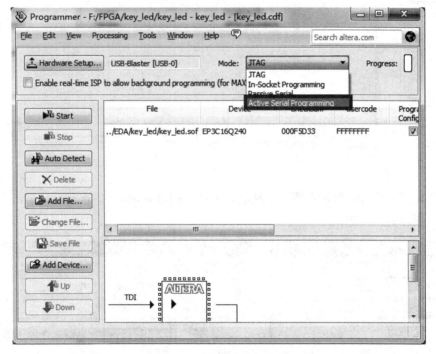

图 A-5

（6）出现如图 A-6 所示提示窗口后，选择 Yes。

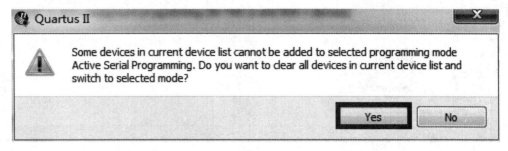

图 A-6

（7）单击左侧 AddFile 图标，添加下载文件。如图 A-7 所示，选择后缀为 pof 的文件，单击 Open。

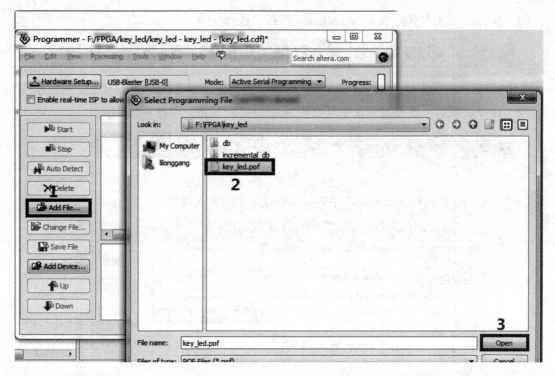

图 A-7

（8）添加完文件后，勾选右侧三个选项，确认 USB-Blaster 正确连接后，单击左侧 Start，开始下载。如图 A-8 所示。

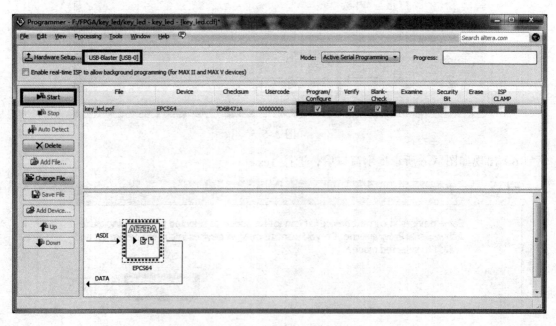

图 A-8

（9）等一小段时间后，进度条显示 100%（Successful），则表示下载完成，即可观察实验现象。如图 A-9 所示。

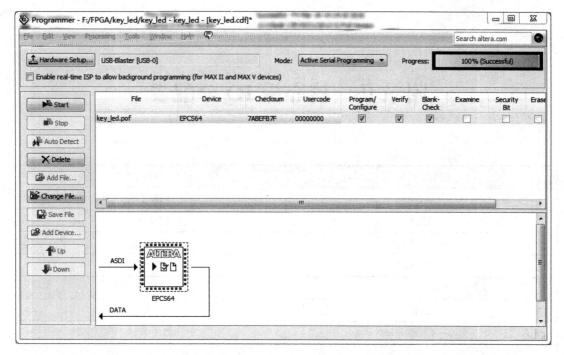

图 A-9

附录 II　核心板 IO 分配表

EPCS 引脚	对应 FPGA 引脚
DATA0	PIN_N7
DCLK	PIN_P3
SCE/nCSO	PIN_E2
SDO/ASDO	PIN_F4
复位与时钟	对应 FPGA 引脚
RESET	PIN_AH14
CLK	PIN_A14
LED	对应 FPGA 引脚
LED1	PIN_AF12
LED2	PIN_Y13
LED3	PIN_AH12
LED4	PIN_AG12
KEY	对应 FPGA 引脚
K1	PIN_AB12
K2	PIN_AC12
K3	PIN_AD12
K4	PIN_AE12
数码管	对应 FPGA 引脚
pa	PIN_AA12
pb	PIN_AH11
pc	PIN_AG11
pd	PIN_AE11
pe	PIN_AD11
pf	PIN_AB11
pg	PIN_AC11
dp	PIN_AF11
UART	对应 FPGA 引脚
RXD	PIN_A10
TXD	PIN_A11

Ethernet/W5500 引脚		对应 FPGA 引脚
RST		PIN_A25
INT		PIN_D24
MOSI		PIN_C24
MISO		PIN_B23
SCLK		PIN_D23
SCS		PIN_C23
音频/TLV320AIC23		对应 FPGA 引脚
SDIN		PIN_C25
SDOUT		PIN_A26
SCLK		PIN_D25
SCS		PIN_B25
BCLK		PIN_D26
DIN		PIN_C26
LRCIN		PIN_B26
USB		对应 FPGA 引脚
D0		PIN_R24
D1		PIN_R23
D2		PIN_R22
D3		PIN_T26
D4		PIN_T25
D5		PIN_T22
D6		PIN_T21
D7		PIN_U28
A0		PIN_R28
WR		PIN_R26
RD		PIN_N21
nINT		PIN_R25
NandFlash		对应 FPGA 引脚
数据线	DB0	PIN_AH19
	DB1	PIN_AB20
	DB2	PIN_AE20
	DB3	PIN_AF20
	DB4	PIN_AA21
	DB5	PIN_AB21
	DB6	PIN_AD21
	DB7	PIN_AE21

控制线	RDY	PIN_AB19
	OE	PIN_AC19
	CE	PIN_AE19
	CLE	PIN_AF19
	ALE	PIN_Y19
	WE	PIN_AA19
	WP	PIN_AG19
SRAM		**对应 FPGA 引脚**
地址线	A0	PIN_W21
	A1	PIN_W22
	A2	PIN_W25
	A3	PIN_W26
	A4	PIN_W27
	A5	PIN_U23
	A6	PIN_U24
	A7	PIN_U25
	A8	PIN_U26
	A9	PIN_U27
	A10	PIN_AC26
	A11	PIN_AC27
	A12	PIN_AC28
	A13	PIN_AB24
	A14	PIN_AB25
	A15	PIN_W20
	A16	PIN_R27
	A17	PIN_P21
	A18	PIN_AB26
数据线	D0	PIN_V21
	D1	PIN_V22
	D2	PIN_V23
	D3	PIN_V24
	D4	PIN_V25
	D5	PIN_V26
	D6	PIN_V27
	D7	PIN_V28
	D8	PIN_AB27
	D9	PIN_AB28

数据线	D10	PIN_AA24
	D11	PIN_AA25
	D12	PIN_AA26
	D13	PIN_AA22
	D14	PIN_Y22
	D15	PIN_Y23
	CE	PIN_W28
	WE	PIN_U22
	OE	PIN_Y26
	UB	PIN_Y25
	LB	PIN_Y24
NorFlash		**对应 FPGA 引脚**
地址线	ALSB	PIN_Y12
	A0	PIN_AB5
	A1	PIN_Y7
	A2	PIN_Y6
	A3	PIN_Y5
	A4	PIN_Y4
	A5	PIN_Y3
	A6	PIN_W10
	A7	PIN_W9
	A8	PIN_V8
	A9	PIN_V7
	A10	PIN_V6
	A11	PIN_V5
	A12	PIN_V4
	A13	PIN_V3
	A14	PIN_V2
	A15	PIN_V1
	A16	PIN_Y10
	A17	PIN_W8
	A18	PIN_W4
	A19	PIN_W1
	A20	PIN_W2
数据线	DB0	PIN_AB2
	DB1	PIN_AB1

数据线	DB2	PIN_AA8
	DB3	PIN_AA7
	DB4	PIN_AA6
	DB5	PIN_AA5
	DB6	PIN_AA4
	DB7	PIN_AA3
控制线	CE	PIN_AB4
	OE	PIN_AB3
	WE	PIN_W3
SDRAM		**对应 FPGA 引脚**
地址线	A0	PIN_J5
	A1	PIN_J6
	A2	PIN_J7
	A3	PIN_K1
	A4	PIN_C6
	A5	PIN_C5
	A6	PIN_C4
	A7	PIN_C3
	A8	PIN_C2
	A9	PIN_D7
	A10	PIN_J4
	A11	PIN_D6
	A12	PIN_D2
数据线	D0	PIN_G2
	D1	PIN_G1
	D2	PIN_G3
	D3	PIN_G4
	D4	PIN_G5
	D5	PIN_G6
	D6	PIN_G7
	D7	PIN_G8
	D8	PIN_E5
	D9	PIN_E4
	D10	PIN_E3
	D11	PIN_E1
	D12	PIN_F5
	D13	PIN_F3

数据线	D14	PIN_F2
	D15	PIN_F1
控制线	BA0	PIN_H8
	BA1	PIN_J3
	DQM0	PIN_H3
	DQM1	PIN_D1
	CKE	PIN_D4
	CS	PIN_H7
	RAS	PIN_H6
	CAS	PIN_H5
	WE	PIN_H4
	CLK	PIN_D5
扩展接口 JP1		引脚定义
JP1-1		VCC5
JP1-2		VCC5
JP1-3		GND
JP1-4		GND
JP1-5		PIN_AH6
JP1-6		PIN_AE7
JP1-7		PIN_AF6
JP1-8		PIN_AG6
JP1-9		PIN_AF5
JP1-10		PIN_AE6
JP1-11		PIN_AH4
JP1-12		PIN_AE5
JP1-13		PIN_AF4
JP1-14		PIN_AG4
JP1-15		PIN_AH3
JP2-16		PIN_AE4
JP1-17		PIN_AF3
JP1-18		PIN_AG3
JP1-19		PIN_AF2
JP1-20		PIN_AE3
扩展接口 JP2		引脚定义
JP2-1		VCC3.3
JP2-2		VCC3.3
JP2-3		GND

控制线	JP2-4	GND
	JP2-5	PIN_AG10
	JP2-6	PIN_AH10
	JP2-7	PIN_AE10
	JP2-8	PIN_AF10
	JP2-9	PIN_AA10
	JP2-10	PIN_AD10
	JP2-11	PIN_AF9
	JP2-12	PIN_AB9
	JP2-13	PIN_AH8
	JP2-14	PIN_AE9
	JP2-15	PIN_AF8
	JP2-16	PIN_AG8
	JP2-17	PIN_AH7
	JP2-18	PIN_AE8
	JP2-19	PIN_AF7
	JP2-20	PIN_AG7

附录Ⅲ 底板 IO 分配表

LED	对应 FPGA 引脚
LED1	PIN_N4
LED2	PIN_N8
LED3	PIN_M9
LED4	PIN_N3
LED5	PIN_M5
LED6	PIN_M7
LED7	PIN_M3
LED8	PIN_M4
LED9	PIN_G28
LED10	PIN_F21
LED11	PIN_G26
LED12	PIN_G27
LED13	PIN_G24
LED14	PIN_G25
LED15	PIN_G22
LED16	PIN_G23

数码管		对应 FPGA 引脚
段选	SEG_A	PIN_K28
	SEG_B	PIN_K27
	SEG_C	PIN_K26
	SEG_D	PIN_K25
	SEG_E	PIN_K22
	SEG_F	PIN_K21
	SEG_G	PIN_L23
	SEG_DP	PIN_L22
片选	SLE0	PIN_L24
	SEL1	PIN_M24
	SEL2	PIN_L26

交通灯	对应 FPGA 引脚	
RED1	PIN_AF23	
YELLOW1	PIN_V20	
GREEN1	PIN_AG22	
RED2	PIN_AE22	
YELLOW2	PIN_AC22	
GREEN2	PIN_AG21	
SW	对应 FPGA 引脚	
K1	PIN_AC17	
K2	PIN_AF17	
K3	PIN_AD18	
K4	PIN_AH18	
K5	PIN_AA17	
K6	PIN_AE17	
K7	PIN_AB18	
K8	PIN_AF18	
拨码开关	对应 FPGA 引脚	
SW1	PIN_AD15	
SW2	PIN_AC15	
SW3	PIN_AB15	
SW4	PIN_AA15	
SW5	PIN_Y15	
SW6	PIN_AA14	
SW7	PIN_AF14	
SW8	PIN_AE14	
SW9	PIN_AD14	
SW10	PIN_AB14	
SW11	PIN_AC14	
SW12	PIN_Y14	
SW13	PIN_AF13	
SW14	PIN_AE13	
SW15	PIN_AB13	
SW16	PIN_AA13	
矩阵键盘	对应 FPGA 引脚	
行	R0	PIN_AG26
	R1	PIN_AH26

行	R2	PIN_AA23
	R3	PIN_AB23
列	C0	PIN_AE28
	C1	PIN_AE26
	C2	PIN_AE24
	C3	PIN_H19
温度传感器/DS18B20		对应 FPGA 引脚
DQ		PIN_E26
PS2		对应 FPGA 引脚
键盘	KB_DATA	PIN_K4
	KB_CLK	PIN_L2
鼠标	MS_DATA	PIN_L1
	MS_CLK	PIN_L4
RTC		对应 FPGA 引脚
SCK		PIN_K7
IO		PIN_K2
RST		PIN_K3
E2PROM		对应 FPGA 引脚
SCL		PIN_G19
SDA		PIN_F19
串行 AD		对应 FPGA 引脚
CLK		PIN_F24
DOUT		PIN_F22
CS		PIN_F26
串行 DA		对应 FPGA 引脚
CLK		PIN_E24
DIN		PIN_F25
CS		PIN_F27
步进电机		对应 FPGA 引脚
A		PIN_L3
B		PIN_L5
C		PIN_L6
D		PIN_L7
直流电机		对应 FPGA 引脚
OUT1		PIN_M2
OUT2		PIN_M1

PWM	PIN_L8
并行 ADC	FPGA 引脚
DB0	PIN_E28
DB1	PIN_E27
DB2	PIN_D27
DB3	PIN_F28
DB4	PIN_C27
DB5	PIN_D28
DB6	PIN_D22
DB7	PIN_E22
CLK	PIN_G21
OE	PIN_E25
并行 DAC	FPGA 引脚
DB0	PIN_J24
DB1	PIN_J25
DB2	PIN_J26
DB3	PIN_H21
DB4	PIN_H22
DB5	PIN_H23
DB6	PIN_H24
DB7	PIN_H25
CLK	PIN_H26
USB	对应 FPGA 引脚
DB0	PIN_C21
DB1	PIN_D21
DB2	PIN_E21
DB3	PIN_A22
DB4	PIN_B22
DB5	PIN_C22
DB6	PIN_A23
DB7	PIN_A21
A0	PIN_C20
WR	PIN_G20
RD	PIN_D20
nINT	PIN_B21
SD 卡	对应 FPGA 引脚

CS	PIN_F17
MOSI	PIN_A17
MISO	PIN_H17
CLK	PIN_B17
TFT 液晶	对应 FPGA 引脚
D0	PIN_AH25
D1	PIN_AB22
D2	PIN_AH23
D3	PIN_AE23
D4	PIN_AH22
D5	PIN_AF22
D6	PIN_AD22
D7	PIN_AH21
D8	PIN_AF21
D9	PIN_AG18
D10	PIN_AE18
D11	PIN_AC18
D12	PIN_AG17
D13	PIN_AH17
D14	PIN_AD17
D15	PIN_AB17
CS	PIN_AC24
RS	PIN_AE25
WR	PIN_R21
RD	PIN_AF24
RST	PIN_AG25
MISO	PIN_AD25
MOSI	PIN_AD26
PEN	PIN_AD27
BUSY	PIN_AD28
nCS	PIN_AE27
CLK	PIN_AC25
TE	PIN_AD24
网卡/ENC28J60	对应 FPGA 引脚
INT	PIN_G18
MISO	PIN_A19

MOSI	PIN_B19
SCK	PIN_C19
CS	PIN_D19
RST	PIN_E19
UART	对应 FPGA 引脚
RXD	PIN_D17
TXD	PIN_E17
音频/VS1053B	对应 FPGA 引脚
MISO	PIN_F18
MOSI	PIN_E18
SCK	PIN_D18
XCS	PIN_C18
XDCS	PIN_B18
DREQ	PIN_A18
RST	PIN_J17
VGA	对应 FPGA 引脚
D0	PIN_R1
D1	PIN_R4
D2	PIN_R5
D3	PIN_R2
D4	PIN_R3
D5	PIN_R6
D6	PIN_T8
D7	PIN_T4
D8	PIN_T7
D9	PIN_R7
D10	PIN_T3
D11	PIN_U4
D12	PIN_U2
D13	PIN_U3
D14	PIN_T9
D15	PIN_U1
HS	PIN_P1
VS	PIN_P2
16×16 双色点阵	对应 FPGA 引脚
R_RCK	PIN_P25

R_SI	PIN_P26
R_SCK	PIN_P28
G_RCK	PIN_L28
G_SI	PIN_L25
G_SCK	PIN_L27
COM1_RCK	PIN_J22
COM1_SI	PIN_J19
COM1_SCK	PIN_J23
COM2_RCK	PIN_N26
COM2_SI	PIN_P27
COM2_SCK	PIN_N25
COM3_RCK	PIN_M25
COM3_SI	PIN_M28
COM3_SCK	PIN_M26
COM4_RCK	PIN_M23
COM4_SI	PIN_M27
COM4_SCK	PIN_M21
视频解码/TVP5150	对应 FPGA 引脚
YOUT0	PIN_AC1
YOUT1	PIN_AC2
YOUT2	PIN_AC3
YOUT3	PIN_AC4
YOUT4	PIN_AC5
YOUT5	PIN_AC7
YOUT6	PIN_AC8
YOUT7	PIN_AC10
VS1	PIN_U8
HS1	PIN_U7
RESET	PIN_AD2
PCLK1	PIN_AD1
AVID	PIN_U6
FID	PIN_AB6
VBLK	PIN_U5
SDA	PIN_AB7
SCL	PIN_AB8
HS2	PIN_AD5

VS2	PIN_AD8
BLANK	PIN_AE2
视频译码/ADV7170	对应 FPGA 引脚
YIN0	PIN_AE15
YIN1	PIN_AF15
YIN2	PIN_W16
YIN3	PIN_AA16
YIN4	PIN_AB16
YIN5	PIN_AE16
YIN6	PIN_AF16
YIN7	PIN_Y17
外接接口	对应 FPGA 引脚
WG1	PIN_E14
WG3	PIN_H13
WG5	PIN_D13
WG7	PIN_J12
WG9	PIN_G12
WG11	PIN_E12
WG13	PIN_C12
WG15	PIN_F11
WG4	PIN_G13
WG6	PIN_K13
WG8	PIN_H12
WG10	PIN_F12
WG12	PIN_D12
WG14	PIN_A12
WG16	PIN_E11
WG17	PIN_D11
WG18	PIN_G11
WG19	PIN_C11
WG20	PIN_B11
WG21	PIN_J10
WG22	PIN_H10
WG23	PIN_G10
WG24	PIN_F10
WG25	PIN_E10

WG26	PIN_G9
WG27	PIN_D9
WG28	PIN_C9
WG29	PIN_F8
WG30	PIN_E8
WG31	PIN_D8
WG32	PIN_C8
WG33	PIN_J16
WG34	PIN_G16
WG35	PIN_D16
WG36	PIN_C16
WG37	PIN_G14
WG38	PIN_K15
WG40	PIN_H15
IN1	PIN_G15
IN2	PIN_F15
IN3	PIN_E15
IN4	PIN_D15
OUT1	PIN_C15
OUT2	PIN_J14
OUT3	PIN_H14
OUT4	PIN_F14